Moritz-Caspar Schlegel

Die ersten und letzten Sekunden im Leben eines Bauwerkes

Moritz-Caspar Schlegel

Die ersten und letzten Sekunden im Leben eines Bauwerkes

In-situ Untersuchungen von zementgebundenen Baustoffen mittels röntgenographischer Verfahren

Südwestdeutscher Verlag für Hochschulschriften

Impressum / Imprint

Bibliografische Information der Deutschen Nationalbibliothek: Die Deutsche Nationalbibliothek verzeichnet diese Publikation in der Deutschen Nationalbibliografie; detaillierte bibliografische Daten sind im Internet über http://dnb.d-nb.de abrufbar.

Alle in diesem Buch genannten Marken und Produktnamen unterliegen warenzeichen-, marken- oder patentrechtlichem Schutz bzw. sind Warenzeichen oder eingetragene Warenzeichen der jeweiligen Inhaber. Die Wiedergabe von Marken, Produktnamen, Gebrauchsnamen, Handelsnamen, Warenbezeichnungen u.s.w. in diesem Werk berechtigt auch ohne besondere Kennzeichnung nicht zu der Annahme, dass solche Namen im Sinne der Warenzeichen- und Markenschutzgesetzgebung als frei zu betrachten wären und daher von jedermann benutzt werden dürften.

Bibliographic information published by the Deutsche Nationalbibliothek: The Deutsche Nationalbibliothek lists this publication in the Deutsche Nationalbibliografie; detailed bibliographic data are available in the Internet at http://dnb.d-nb.de.

Any brand names and product names mentioned in this book are subject to trademark, brand or patent protection and are trademarks or registered trademarks of their respective holders. The use of brand names, product names, common names, trade names, product descriptions etc. even without a particular marking in this works is in no way to be construed to mean that such names may be regarded as unrestricted in respect of trademark and brand protection legislation and could thus be used by anyone.

Coverbild / Cover image: www.ingimage.com

Verlag / Publisher:
Südwestdeutscher Verlag für Hochschulschriften
ist ein Imprint der / is a trademark of
OmniScriptum GmbH & Co. KG
Heinrich-Böcking-Str. 6-8, 66121 Saarbrücken, Deutschland / Germany
Email: info@svh-verlag.de

Herstellung: siehe letzte Seite /
Printed at: see last page
ISBN: 978-3-8381-3753-7

Zugl. / Approved by: Berlin, HU, Diss, 2013

Copyright © 2013 OmniScriptum GmbH & Co. KG
Alle Rechte vorbehalten. / All rights reserved. Saarbrücken 2013

Für Prof. Dr. Theodor Oppermann †

Zusammenfassung

Zementgebundene Baustoffe stellen das Rückgrat unsere heutigen Infrastruktur und modernen Architektur dar. Das Bindemittel Zement ist eines der weltweit am meisten produzierten Materialien, und zwar nicht nur im Baustoffbereich. Die selbstverständlich gewordene Verwendung steht im Kontrast zu der Anzahl an wissenschaftlichen Publikationen, die sich diesem Material widmen. Es herrschen daher Unklarheiten im Hinblick auf fundamentale Fragestellungen. Der Fokus dieser Arbeit ist auf zwei grundlegende Aspekte gerichtet, die bislang nicht untersucht wurden oder nicht vollständig geklärt sind: Die Entwicklung des Phasenbestandes zum einen unmittelbar nach Beginn der Zementhydratation und zum anderen nach dem Einsetzen von Schädigungsmechanismen — die ersten und die letzten Sekunden im Leben eines Bauwerkes.

Für eine detaillierte Klärung des Hydratationsprozesses innerhalb der ersten Sekunden und Minuten der Zementhydratation fanden in-situ Untersuchungen während der ersten Hydratationsstufe statt. In vorangegangenen Studien wurden diesbezügliche Untersuchungen relativ selten und wenn, dann mit Zeitauflösungen im Stundenbereich durchgeführt. Vermehrt wurde die Hydratation bereits vor dem Experiment induziert. Jedoch sind erste entscheidende Kristallisationsprozesse während der Hydratation bereits in den ersten Sekunden zu erwarten. Daher besteht Klärungsbedarf zu einzelnen Aspekten des Frühstadiums der Hydratation und ihrer Einwirkung auf den Phasenbestand des resultierenden Reaktionsproduktes. Dieses erfordert eine vollständige Beschreibung der Hydratation und dementsprechend die Berücksichtigung des ersten Kontaktes der Zementes mit dem Anmachwasser. Die anfängliche Bildung der Hydratphasen wurden häufig aus der Veränderung des Fließverhaltens und der vorherrschenden ζ-Potentiale abgeleitet, der Kristallisationsprozess selbst wurde nie durch eine direkte Beobachtung charakterisiert. Das Ziel dieser Arbeit war, ein analytisches Verfahren zu entwickeln, das eine Charakterisierung der Phasenbestandsänderung während der ersten Sekunden der Zementhydratation ermöglicht. Auf der Basis der zeitaufgelösten Untersuchungen zeigen erste Versuche, dass die Wirkungsweise von alltäglich angewandten Zusatzmitteln direkt beobachtet und damit verstanden werden kann.

Ebenfalls widmen sich die Untersuchungen der ortsaufgelösten Bestimmung der Phasenbestandsänderung durch das Einwirken alltäglich schädigender Lösungen. Es standen die Simulation von Schädigungsmechanismen über längere Zeiträume, sowie die Lokalisierung und Identifizierung sekundärer Phasen in der Zementmatrix im Vordergrund. Die sekundären Phasen werden als Indikator für das Voranschreiten exemplarischer Schädigungsmechanismen betrachtet und als analytisches Werkzeug für die Rekonstruktion der Schädigunsprozesse verwendet. Das Ziel war die Entwicklung eines analytischen Verfahrens, das die Bestimmung des Phasenbestandes mit einer sehr hohen Ortsauflösung zulässt, ohne das Gefüge zu verändern oder sogar zu zerstören. Es wurde an einzelnen stark geschädigten Probenkörpern das Potential des Verfahrens getestet. Es wurde ebenffalls geprüft, ob das Verfahren für eine umfangreichere Anwendung bis hin zur systematischen Simulation von natürlichen Systemen geeignet ist. Es soll aufgezeigt werden, ob tiefere Kenntnisse über die Widerstandsfähigkeit der Zemente und den Einfluß von Zusatzstoffen erreicht bzw. in Zukunft ein intensiveres Verständnis erbracht wird, um Bauwerksschädigungen effektiver entgegenzuwirken.

Inhaltsverzeichnis

1 Einleitung   **1**

2 Literaturübersicht   **5**
    2.1 Das Bindemittel Zement 7
    2.2 Analytische Verfahren 27

3 Material und Methoden   **33**
    3.1 Material 33
    3.2 Methoden 38
       3.2.1 Röntgendiffraktometrie 38
       3.2.2 Röntgenspektroskopie 48

4 Ergebnisse   **51**
    4.1 Die ersten Sekunden eines Bauwerkes — Zementhydratation . . 51
       4.1.1 Die Hydratationscharakteristik reiner Zementklinkerphasen 52
       4.1.2 Initiale Ettringitkristallisation 54
    4.2 Die letzten Sekunden eines Bauwerkes — Schädigungsmechanismen 56
       4.2.1 Lokalisierung der sekundären Phasen 56
       4.2.2 Identifizierung der sekundären Phasen 58

5 Diskussion   **83**
    5.1 Die Grenzen bisheriger Röntgenbeugungsmethoden 83
       5.1.1 Zementklinker und Portlandzementhydratation 83
       5.1.2 Lokalisierung und Identifizierung sekundär gebildeter Phasen 89

5.2 Die ersten und letzten Sekunden im Leben eines Bauwerkes ... 92
      5.2.1 Das Frühstadium der Zementhydratation 92
      5.2.2 Degradation der Zementmatrix 95

6 Zusammenfassung und Ausblick **119**

Danksagung **123**

Anhang **125**

1 Einleitung

Das Bindemittel Zement wurde bereits in der Antike von den Phöniziern eingesetzt, und die erste Verwendung geht bis auf das Jahr um 1000 v. Chr. zurück. Der Ursprung des Begriffes Zement beruht auf der Entwicklung und Nutzung eines Baustoffes mit Anteilen eines hydraulischen Bindemittels im antiken Rom, dem (lat.:) *opus caementitium*. Bis heute sind einzelne Bauwerke aus der Antike, wie das Pantheon in Rom, erhalten geblieben und untermauern die Materialeigenschaften und Dauerhaftigkeit dieses Baustoffes [1]. Zement ist auf Grund seiner vielseitigen Anwendbarkeit und der geringen Herstellungskosten, relativ zu den metallischen und natürlichen Baustoffen, weltweit der am meisten verwendete Baustoff. Es sind keine Alternativen auf dem Baustoffmarkt zu finden, deren Materialeigenschaften sich in dieser Weise wirtschaftlich nutzen lassen und sich im alltäglichen Leben etabliert haben.

Wird dem Zement beim Anmachen Sand (<2 mm) bzw. Sand und Kies (>2 mm) beigemischt, dient der Zement als Bindemittel, und die resultierenden Komposite repräsentieren die Baustoffe Mörtel bzw. Beton. Die intensive Erforschung der Materialeigenschaften von Zement, Mörtel und Beton hat ihren Ursprung bereits im neunzehnten Jahrhundert. Sie begannen mit der Entwicklung des Portlandzementes als Bindemittel und der Charakterisierung der Eigenschaftsentwicklung bei unterschiedlicher Beigabe von Zuschlagstoffen. Erste Standardprüfverfahren und Spezialzemente gegen schädigende Umwelteinflüsse wurden entwickelt. Ab 1940 gewannen die schädigenden Wirkungen durch Sulfatangriffe und die Alkali–Kieselsäure–Reaktion an Bedeutung. Die Zement– und Betonforschung erfuhr weiteren Zuspruch und ist in den verschiedensten naturwissenschaftlichen Disziplinen wiederzufinden. Die 1970 entdeckten Bauwerksschäden durch thermische Beanspruchung stellten nicht nur ein eigenes Forschungsfeld dar. Sie zeigten gleichzeitig die Notwendigkeit, global Baustoffe

1 Einleitung

zu entwickeln, die dem jeweiligen Klima der Region angepasst sind. In den späten achziger Jahren des zwanzigsten Jahrhunderts trat mit der Entdeckung des thermisch induzierten Sulfatangriffes die Komplexität der Kompositwerkstoffe Mörtel und Beton weiter in den Vordergrund [2].

Die Verwendung von Beton und die Kombination mit metallischen Werkstoffen leitete zu Beginn des neunzehnten Jahrhunderts ein neues Zeitalter in der modernen Architektur ein. Durch die deutlich vorteilhafteren Materialeigenschaften im Vergleich zum vorherigen Klinkerbau entstanden Bauwerke und Anwendungsgebiete, die bis heute unsere Stadtbilder prägen und eine Modernisierung der Infrastrukturen ermöglichten.

Eine allgemeine und anerkannte Definition des Zementes lautet nach Locher: „Zement ist ein hydraulisches Bindemittel, d.h. ein anorganischer, nicht metallischer, fein gemahlener Stoff, der nach dem Anmachen mit Wasser infolge chemischer Reaktionen mit dem Anmachwasser selbstständig erstarrt und erhärtet und nach dem Erhärten auch unter Wasser fest und raumbeständig bleibt" [3]. Im Gegensatz zu der weitverbreiteten Anwendung und intensiven Forschung an zementgebundenen Baustoffen herrschen jedoch Unklarheiten über grundlegende Prozesse, die sich während der Verarbeitung von Zement, Mörtel und Beton vollziehen. Der Fokus vergangener und akuteller Untersuchungen ist überwiegend auf die Entwicklung der mechanischen Eigenschaften gerichtet. Die Reaktionsprozesse, die während der Hydraration ablaufen, werden vorwiegend aus Scherversuchen, Zunahme der Druckfestigkeit, etc. abgeleitet und selten in-situ beobachtet. Der Phasenbestand wird anschließend ex–situ mit strukturklärenden Verfahren bestimmt. Beispielsweise ist eine traditionelle Methode, die einzelnen Hydratationsprozesse zu beobachten, ein Abbruch der Hydratation durch ein Vermischen der angesetzten Zement/Wasser–Suspensionen mit einem organischen Lösungsmittel. Letztere befreien die Suspension von dem Anmachwasser und halten die Hydratation an. Jedoch bedeutet diese traditionelle Methode einen starken Eingriff, dessen Folgen auf die Eigenschaften des Multiphasensystems nicht vollständig vorhersehbar sind. Dabei haben besonders die ersten Reaktionsprozesse unmittelbar nach dem Anmachen des Zementes mit Wasser einen wesentlichen Einfluss auf die Entwicklung der späteren Materialeigenschaften. Ähnlich verhält es sich bei den Untersuchungen der Degradation eines Bauwerkes durch schädigende Prozesse. Die Ausgangsstoffe und die geschädigten Endprodukte waren häufig Untersuchungsobjekte in vorangegangenen Studien [4, 3, 5, 6]. Jedoch fehlt ein tieferes Verständnis über die Abläufe der Reaktionen und ihrer Dynamik [7, 8]. Vorwiegend dienen die Ergebnisse mechanischer Prüfverfahren, wie der Abnahme der Druck-, Biege- und Zugfestigkeit etc., die Veränderung des Gefüges indirekt zu beschreiben. Die Strukturanalytik findet bevorzugt an Pulverpräparaten statt, deren Herstellung ein massives mechanisches Einwirken auf das Probenmaterial mit sich bringt und somit die Gefahr besteht das Material während der Probenpräparation zu verändern.

Zusätzlich steigt die Komplexität des Phasenbestandes durch die zunehmende Verwendung von Zusatzstoffen und Zusatzmitteln deutlich an. Damit einhergehend wird die Charakerisierung von häufig verwendeten Zementsorten zunehmend umfangreicher und die Materialeigenschaften sind schwerer zu erfassen. Besonders die kontrollierte Beeinflussung des Hydratationsverhaltens von frisch angesetzten Wasser/Zement-Suspensionen durch die Zugabe von organischen Additiven hat sich zu einer Standardanwendung entwickelt, ohne dass die grundlegenden Prozesse im Detail verstanden sind.

Die Charakterisierung von Zement durch die bisher entwickelten analytischen Verfahren beschreibt ihn in Bezug auf sein Hydratationsverhalten und seiner Dauerhaftigkeit in guter Näherung. In–situ Untersuchungen sind jedoch für beide Zeitabschnitte von entscheidender Bedeutung, um ein tieferes Verständnis zu erhalten [9]. Das Ziel dieser Arbeit ist es, die ersten und letzten Sekunden eines Bauwerkes, d. h. das Frühstadium der Zementhydratation und die Degradation durch Schädigungsmechanismen, direkt zu beobachten. Letztendlich kann dieser Einblick ausschließlich durch eine konstruktive Kombination verschiedener Untersuchungsmethoden gewährt werden. Der Einsatz von verschiedenen röntgenographischen Verfahren ermöglicht es, die Änderung des Phasenbestandes während beider Zeitabschnitte in-situ zu untersuchen und detailliert zu charakterisieren.

2 Literaturübersicht

Zement ist weltweit einer der am häufigsten hergestellten Baustoffe. Die Weltjahresproduktion nahm innerhalb der letzten Jahrzehnte fortwährend zu und erreichte in den letzten Jahren Spitzenwerte von über 2.8 Mrd. t (s. Abb. 2.1a) [10]. Im Vergleich dazu betrug die Anzahl an wissenschaftlichen Publikationen in peer–reviewten Fachzeitschriften vor den neunziger Jahren des letzten Jahrhundert weniger als zehn. In den letzten zwei Jahrzehnten gewann die Beton– und Zementforschung weiter an Bedeutung und wurde auf unterschiedliche naturwissenschaftliche Bereiche ausgeweitet [8]. Die Anzahl an Veröffentlichungen mit dem Schwerpunkt auf der Untersuchung von Zementen und den Kompositwerkstoffen Mörtel und Beton stieg in den letzten zwei Jahrzehnten an und im Jahr 2011 sind über 300 Artikel erschienen (s. Abb. 2.1b). Dieses spiegelt eine generelle Zunahme des wissenschaftlichen Interesses an diesem Material wieder [2]. Dennoch sind die Publikationszahlen in andereren Forschungsfeldern um ein Vielfaches höher. Ein Grund für die Interessenszunahme war das vermehrt Schädigungen an öffentlichen Bauwerken aufgefunden wurden. Unterschiedliche Forschergruppen wiesen in dieser Zeit intensive Schädigungen von Tunnel– oder Brückenbauten durch die Bildung von sekundären Phasen nach [6, 11, 5, 12, 13]. Das einhergehende Gefahrenpotential, ausgehend von der Degradation von Bauwerken, ließ unerwartete Folgereaktionen des vermeintlich gut verstandenen Baustoffes erkennen.

2 Literaturübersicht

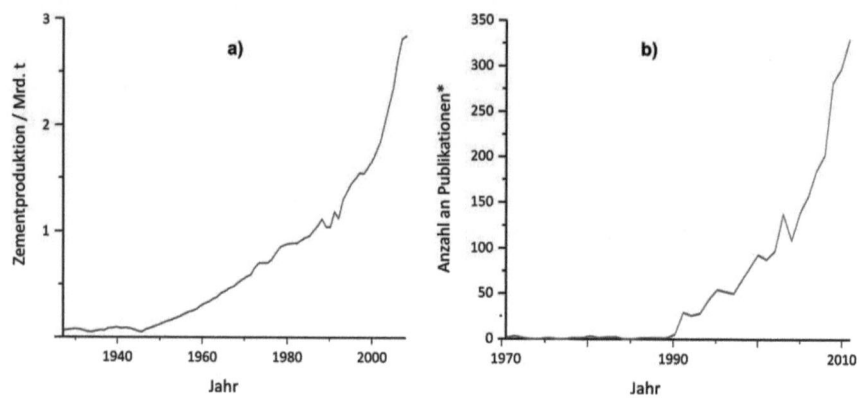

Abbildung 2.1: *Weltjahresproduktion (a) von Zement [10] und Entwicklung der Publikationszahlen (b, *verwendete Stichwörter bei der Literatursuche: cement, concrete, mortar).*

Mit der Zementhydratation gekoppelt sind die Auswirkungen von verschiedensten Materialien, die dem Zement, Mörtel oder Beton während der Verarbeitung zugegeben werden und aktiv auf die Entwicklung des Phasenbestandes einwirken. Unterschiedliche Materialeigenschaften sind die Folge, die auch lange nach der Verarbeitung zu einem erhöhten Festigkeitsverhalten, Widerstand gegen äußere chemische Angriffe etc. beisteuern [14, 15]. Zunehmend werden weitere Methoden eingesetzt, um das Material sowie die Schädigungsmechanismen zu charakterisieren. Es hat sich als besonders vorteilhaft erwiesen, röntgenographische Verfahren mit der Spektroskopie zu verbinden (s. Kap. 1). Häufige Kombinationen sind z. B. die parallele Verwendung der Röntgendiffraktometrie (XRD) mit der Magnetresonanz–Spektroskopie (NMR) oder mit der Raman–Spektroskopie [16]. Die Verwendung von elektromagnetischer Strahlung im IR–Wellenlängenbereich erlaubt eine eindeutige Unterscheidung von sekundär gebildeten Phasen wie Ettringit und Thaumasit, die bei Betrachtungen von Bauwerksschädigungen gefunden werden und deren Identifizierung mit der XRD allein nicht vollständig realisierbar ist. Im Folgenden wird das Bindemittel Zement und die am häufigsten verwendeten Untersuchungsmethoden vorgestellt. Bei den Methoden werden Beispiele genannt, die ihre Nutzung in der Zement– und Betonforschung rechtfertigen. Der Schwerpunkt liegt dabei auf röntgenographischen Verfahren, besonders der Nutzung von Synchrotronstrahlung. Ihre Verwendung lässt Einblicke in das System der Kompositwerkstoffe Zement und Beton zu, die mit einem Labor–Röntgendiffraktometer nicht umzusetzen sind.

2.1 Das Bindemittel Zement

Für sämtliche hier durchgeführten Untersuchungen wurde ein Portlandzement (CEM I 42,5 R) ausgewählt. Dieses Bindemittel war bis ca. in die neunziger Jahre quantitativ die am meisten produzierte Zementart und wurde anschließend von dem Portlandkompositzement als Zementart mit dem größtem quantitativen Anteil an der Weltjahresproduktion abgelöst. Die Bezeichnung des Portlandkompositzement lässt erkennen, dass auch hier der Portlandzement eine wesentliche Komponente darstellt. Die europäische Zementnorm DIN EN 197–1 unterteilt handelsübliche Zemente ohne besondere Eigenschaften in fünf Hauptzementgruppen, CEM I bis CEM V, wobei sich die Einteilung an den jeweiligen Massenanteilen der Hauptkomponenten (>5 Gew%) orientiert [3]. Neben den Hauptkomponenten können auch Nebenkomponenten (<5 Gew%) im Zement vorhanden sein. Lediglich die Hauptzementgruppe CEM I, in der Literatur häufig auch als Portlandzement (PZ) beschrieben, besteht überwiegend aus vier kristallinen Phasen Alit, Belit, Aluminat und Ferrit (Zementklinkerphasen), die im nächsten Abschnitt detailliert beschrieben werden, und besitzt keine weiteren Hauptkomponenten. Die vier Hauptzementgruppen, CEM II bis CEM V sind je nach Anteil der Hauptkomponenten weiter unterteilt, so dass sich insgesamt für die europäische Zementnorm 27 unterschiedliche Zemente ergeben.

Der natürliche Rohstoff für die Zementherstellung ist Kalksteinmergel und wird in der Regel in unmittelbarer Nähe zum Zementwerk abgebaut, um die Kosten für den Rohstofftransport gering zu halten. Dieses ist eines der Entscheidungskritierien bei der Standortwahl vor der Errichtung eines Zementwerkes. Der Rohstoff Kalksteinmergel (Sedimentgestein) besteht zu 65 Gew% aus Kalkstein ($CaCO_3$) und zu 35 Gew% aus Tonmineralen. Der Kalkstein stellt die Ca–Quelle, die Tonminerale stellen die Si–Quelle für die Klinkerherstellung dar. Die Tonminerale sind Schichtsilikate und können ebenfalls Al und Fe enthalten. Je nach Standort des Zementwerkes variiert die chemische Zusammensetzung des Mergels. Die Zusammensetzung des Rohstoffes wird regelmäßig bestimmt, um natürlichen Abweichungen durch anschließende Mischverfahren entgegenzuwirken. Beispielsweise können weitere Minerale wie Goethit (FeOOH), Pyrit (FeS_2) oder auch Kalifeldspäte wie Albit und Orthoklas ($NaAlSi_3O_8$ bzw. $KAlSi_3O_8$) im Mergel mit enthalten sein. Unter Umständen ist es erforderlich,

Korrekturstoffe wie reinen Kalkstein, Eisenoxide oder Quarzsand dem Mergel hinzuzufügen, um eine zugeschnittene und konstante Ausgangszusammensetzung für die Produktion zu erhalten. Eine weitere Möglichkeit für die Erfüllung der Anforderungen an den Rohstoff ist die Verwendung von Zusatzstoffen wie Kalkschlämme, Flugasche, Hüttensand und Gießereialtsande und bestehen typerscherweise aus Kalziumkarbonat, verschiedenen Silikaten und Aluminaten. Sie besitzen ebenfalls die vier nötigen Elemente Ca, Si, Al und Fe in ausreichenden Konzentrationen. Für das Sintern des Klinkers im Drehrohrofen werden fossile Energieträger wie Stein- und Braunkohle oder auch schweres Heizöl eingesetzt. In den letzten Jahrzehnten gewann die Verwendung von Sekundärbrennstoffen wie Altreifen, Altöl, Kunststoffabfällen, Hausmüll etc. an Bedeutung und senkte insgesamt die CO_2-Emission bei der Zementproduktion. Bis zum Jahr 2000 steigerte sich ihr Anteil am Gesamtbrennstoffverbrauch von 5% auf bis zu 26% [3]. Besonders die Sekundärbrennstoffe haben einen entscheidenden Einfluss auf die Zusammensetzung des Klinkers. Sie werden nicht nur energetisch, sondern auf Grund einzelner Elementgehalte dem Klinker während des Brennvorganges bewusst zugefügt.

Der Portlandzement besteht überwiegend aus vier unterschiedlichen kristallinen Phasen, die in der Literatur als Zementklinkerphasen bezeichnet und im Folgenden detailliert beschrieben werden. Das Ca_3SiO_5 (C_3S) ist die vorherrschende Phase und bestimmt maßgeblich die Materialeigenschaften des erhärteten Zements [3, 4]. In der Literatur wird diese Phase als Alit bezeichnet. C_3S ist die Ca-reichste Verbindung im $CaO-SiO_2$ Zweistoffsystem. Die Stabilität ist eine Funktion der Temperatur. Während des langsamen Abkühlen zerfällt das C_3S bei 1250°C in Ca, CaO und Ca_2SiO_4 (C_2S). Die Zerfallstemperatur kann durch den Einbau von Fremdionen, z.B. Fe, Zn, Sr, und Mg erniedrigt und der Zerfall kontrolliert beschleunigt werden. Bei schneller Abnahme der Temperatur bleibt der Zerfall aus, und das C_3S liegt metastabil vor. Insgesamt sind sieben metastabile C_3S-Modifikationen bekannt, von denen fünf durch den Einbau der Fremdionen stabilisiert werden können (s. Abb. 2.2). Eine der fünf C_3S-Modifikationen besitzt die trikline Raumgruppe $P\bar{1}$ und jeweils zwei der fünf Modifikationen die rhomboedrische Raumgruppe R3m bzw. die monokline Raumgruppe Cm. Die Raumgruppe ändert sich durch die Substitution, die Kristallklasse hingegen nicht.

2.1 Das Bindemittel Zement

Stabilisiertes C_3S hydratisiert und erhärtet im Vergleich zu reinem C_3S wesentlich schneller. Gleichzeitig liegen unterschiedliche Hydratationsgeschwindigkeiten der einzelnen stabilisierten Phasen vor, die nicht auf die Anzahl von Fehlordnungen durch den Einbau der stabilisierenden Fremdionen zurückzuführen sind [4]. Die Elementarzellen der stabilisierten Phasen unterscheiden sich bezüglich ihrer Raumgruppensymmetrie.

$$T_1 \leftrightarrows T_2 \leftrightarrows T_3 \leftrightarrows M_1 \leftrightarrows M_2 \leftrightarrows M_3 \leftrightarrows R$$
$$620°C \quad 920°C \quad 980°C \quad 990°C \quad 1060°C \quad 1070°C$$

Abbildung 2.2: *Umwandlungstemperaturen der C_3S–Modifikationen (T = triklin, M = monoklin, R = rhomboedrisch).*

Die zweite silikatische Zementklinkerphase des Portlandzementes, das Ca_2SiO_4 (C_2S), wird in der Literatur auch als Belit bezeichnet und besitzt fünf unterschiedliche Modifikationen: α– ($P6_3/mmc$), α_L ($Pna2_1$), α_H– ($Pnma$), β– ($P2_1/n$) und γ–C_2S ($Pbnm$), wobei L für die Tief– (low) und H (high) für die Hochtemperaturphase stehen. Die fünf Kristallstrukturen werden durch Ca und Si aufgebaut und unterscheiden sich bis auf eine Ausnahme gering voneinander. Lediglich das γ–C_2S besitzt eine andere Kristallstruktur, aus der auch eine geringe Dichte hervorgeht [4]. Während des Sinterprozesses im Drehrohrofen bildet sich bei Temperaturen >1425°C α–C_2S. Während des Abkühlens wandelt es sich bei 1425°C zu α_H–C_2S und anschließend bei 1160°C zu fein– und grobkristallinem α_L–C_2S um. Beim weiteren Abkühlen entsteht bei >630°C β– und >500°C γ–C_2S (s. Abb. 2.3). Die Phasenumwandlung von β– zu γ–C_2S ist bei einem erneutem Aufheizen des Systems nicht reversibel. Ebenfalls kann bei einem weiteren Temperaturanstieg γ– auch nicht zu α_L–C_2S umgebildet werden. Der Dichteunterschied von β– und γ–C_2S beruht auf der abrupten Änderung des Elementarzellenvolumens durch die starke Umwandlung der Kristallstruktur. Es hat zur Folge, dass bei Temperaturen <500°C der kompakte Klinker durch die internen Spannungen zerfällt. Durch den Einbau von Fremdionen, besonders Al^{3+}, aber auch Na^+, Mg^{2+} etc. können die metastabilen Phasen bei RT stabilisiert werden. In gängigem Klinker befinden sich ausreichend stabilisierende Kationen, die eine Ausbildung des γ–C_2S verhindert. Die Aufnahmekapazität an Fremdionen ist insgesamt höher im Vergleich mit C_3S.

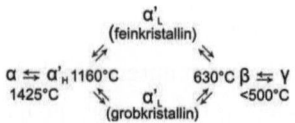

Abbildung 2.3: *Umwandlungstemperaturen der C_2S–Modifikationen.*

Das Trikalziumaluminat ($Ca_3Al_2O_6$), in der Literatur auch als Aluminat (C_3A) bezeichnet, ist die Ca–reichste Verbindung im CaO–Al_2O_3 Zweistoffsystem. Reines C_3A kristallisiert kubisch, wobei der Einbau von Fremdionen, besonders durch Alkalien, die Kristallklasse mit steigendem Alkalienanteil von kubisch über orthorhombisch nach monoklin verändert. Beispielsweise wird durch die Substitution von Ca^{2+} durch Na^+ das Na^+ bis zu 5.7% in die Kristallstruktur eingebaut. Dieses bewirkt ab einem Na^+–Gehalt von 2.4% eine Reduzierung der Raumgruppensymmetrie $Pm\overline{3}m$ zu der orthorhombischen Raumgruppe Pbca und ab 4.6% zu der monoklinen Raumgruppe $P2_1/a$ [4]. Während des Hydratationsprozesses ist die Reaktivität zu Beginn der Erhärtung abhängig von der Kristallklasse. Bei den orthorhombischen und monoklinen C_3A ist sie deutlich größer als bei den alkalifreien kubischen C_3A, wobei spätere Reaktionen (nach 2 bis 4h) durch das Vorhandensein der Alkalien verzögert werden. Dadurch wird deutlich, dass die Kristallstrukturen unterschiedliche Auswirkungen auf die Reaktionsprozesse während der Hydratation haben und damit Handlungsrahmen für die aktive Beeinflussung der Zementhydratation erschaffen.

Die Klinkerphase Kalziumaluminatferrit wird aufgrund des Fe^{3+} in der Struktur in der Literatur auch verkürzt Ferrit ($C_2(A,F)$) genannt. Es bildet eine unvollständige Mischkristallreihe mit der Strukturformel $Ca_2(Al_xFe_{1-x})_2O_5$. Bei Normaldruck sind Fe^{3+} und Al^{3+} nur in bestimmten Grenzen gegeneinander austauschbar. Der maximale Al^{3+}–Anteil liegt zwischen 0 und 70 Mol%. Natürlich gebildetes Kalziumaluminatferrit trägt den Mineralnamen Brownmillerit. Die Besetzung der Mischposition durch Fe^{3+} und Al^{3+} hat Auswirkungen auf die Raumgruppensymmetrie, jedoch nicht auf die Kristallklasse. Ferrit bzw. Brownmillerit bleibt während der Substitution orthorhombisch.

Zusätzlich zu den Zementklinkerphasen können weitere Phasen im Zement enthalten sein (s. Kap. Zementarten). Sie werden in erster Näherung in reaktive und nichtreaktive Zusatzstoffe eingeteilt. Weitergehend wird bei den reaktiven Zusatzstoffen zwischen den (latent) hydraulischen, die ohne weitere Einflüsse reagieren, und puzzolanischen Stoffen, die abhängig von verschiedenen Elementkonzentrationen, dem pH-Wert etc. reagieren, unterschieden. Puzzolanische Komponenten reagieren während der Hydratation (s. Kap. 2.1) mit Calciumhydroxid ($Ca(OH)_2$) zu weiterem Calciumsilikathydrat und stellen mit dem Reaktionsprodukt eine Alternative zu den Zementklinkerphasen dar. Die aufgeführten Komponenten wurden bei den untersuchten zementgebundenen Baustoffen als Zusatzstoff verwendet, weitere Zusatzstoffe wie Silikastaub etc., die keine Anwendung bei den Untersuchungen fanden, werden nicht weiter beschrieben. Kalziumsulfate, d. h. Gips, Bassanit oder β–Anhydrit (natürliches Anhydrit) haben entscheidende Auswirkungen auf die Prozesse der Zementhydratation und können beispielweise zur Regelung des Erstarrungsverhaltens eingesetzt werden. Das verwendete Kalksteinmehl (LL) stellt einen nichtreaktiven Zusatzstoff dar. Der Kalkstein ist einer der einfachsten Komponenten und muss mindestens zu 75 Gew% aus $CaCO_3$ bestehen. Als weiterer und auch häufig in der Praxis verwendeter Zusatzstoff wurde hydraulische Flugasche (FA) ausgewählt. Sie besteht aus abgeschiedenen und feinkörnigen Staubpartikeln (1 μm – 1 mm), die sich mit SiO_2 zu einem Kalziumsilikat verbinden. Sie wird auf Grund ihrer Gewinnung auch Braunkohleflugasche genannt und ihr Ca–Gehalt beträgt mehr als 30%. Als reaktiver Zusatzstoff (latent hydraulisch) wurde Hüttensand (HS) verwendet. Der Hüttensand besteht aus amorpher und granulierter Hochofenschlacke, die mindestens zwei Drittel CaO, MgO und SiO_2 beinhaltet.

Als Zusatzmittel werden Komponenten mit einem Anteil von <1 Gew% bezeichnet, die aktiv an dem Hydratationsprozess beteiligt sind bzw. Auswirkungen auf den hydratisierten zementgebundenen Baustoff haben. Die Zusatzmittel verbessern die Eigenschaften, z. B. die Mahleigenschaften bei der Zementproduktion, die Fließeigenschaften während der Verarbeitung etc. Dadurch können die Materialeigenschaften der Wasser/Zement–Suspension (Zementleim, s. 2.1) auf die jeweilige Anwendung zugeschnitten werden [17, 18, 19]. Die Kristallisationsprozesse erster Hydratationsprodukte können ebenfalls direkt beeinflusst werden und zu einem Phasenbestand führen, der sich von nicht beeinflussten Zementen unterscheidet. Dadurch lassen sich die Materialeigenschaften des Endproduktes, wie die Druckfestigkeit, Porosität etc. optimieren [14, 20, 21, 22].

Zementhydratation — Die ersten Sekunden eines Bauwerkes

Sobald das Anmachwasser zu einer Klinkerphase oder dem Zement hinzugegeben wird, setzen unmittelbar Hydratationsprozesse ein. Ein wichtiger Kennwert ist dabei der Wasserzementwert (w/z), der das Massenverhältnis von Wasser (w) zu Zement (z) beschreibt: Typische Werte liegen zwischen 0.4 und 0.7. Ein zu hoch gewählter w/z–Wert führt zu nachteiligen Materialeigenschaften wie z.B. einer zu hohen Porosität im erhärteten Zement oder bei einem zu gering gewähltem w/z–Wert zu ungenügenden Fließeigenschaften des Zementes. Vor dem Erstarren wird die Wasser/Zement–Suspension als Zementleim und hinterher als Zementstein bezeichnet. Dieser härtet anschließend aus [3].

Ein weiterer wichtiger Aspekt ist neben den Hydratationsprozessen die Ausbildung eines Gefüges. Es bestimmt maßgebend die Eigenschaften des Zementsteins, Mörtels oder Betons. Wichtige Kenngrößen bei der Beschreibung des Gefüges sind die Ausbildung der Hydratationsprodukte, ihre räumlichen Koordination zueinander und ihre Packungsdichte. Die Zementklinkerphasen besitzen unterschiedliche Hydratationsgeschwindigkeiten. C_3S und C_2S reagieren deutlich schneller mit dem Anmachwasser als C_3A und $C_2(A,F)$. Dieses hat beim Portlandzement, der im Wesentlichen aus diesen vier Phasen besteht, einen starken Einfluss auf die Festigkeitsentwicklung [4].

Auf die einzelnen Reaktionsschritte während der Hydratation und die Entwicklung des Gefüges wird im Folgenden detaillierter eingegangen. Das Vorhandensein von Sulfat im Zementleim hat dabei entscheidende Auswirkungen auf das Erstarrungsverhalten des Zements bzw. zementgebundenen Baustoffs. Es ist vorteilhaft, die Hydratation in drei Zeitstufen einzuteilen, um die Beschreibung einzelner Prozesse übersichtlicher zu gestalten und sinnvoll von einander abzugrenzen. In der Literatur ist die Unterteilung der Zeitstufen sehr unterschiedlich und umfasst insgesamt den Zeitraum unmittelbar nach Zugabe des Anmachwassers bis zu 90 Tagen nach der Zugabe [23, 4, 3]. Die einzelnen Stufen und die jeweils vorliegenden Hydratphasen sind in Abbildung 2.4 zusammengefasst. Während dieses Zeitraums hat der $CaSO_4$–Anteil einen entscheidenden Einfluss auf die zeitliche Entwicklung des Hydratation und der Produkte. Es wird in dieser Beschreibung von einer optimal angepassten Sulfatkonzentration ausgegangen, und die unterschiedlichen Literaturangaben werden wie folgt vereinheitlicht:

Die erste Zeitstufe beschreibt den Zeitraum unmittelbar nach der Zugabe des Anmachwassers bis ca. 4 bis 6 h danach. Direkt nach der Zugabe findet die erste intensive Hydratation in einem Zeitraum bis zu 15 min statt und bildet eine dünne Hülle aus Hydratationsprodukten um die Zementpartikel. Das Kalziumsulfat, K^+ und Na^{2+} aus den Tonmineralen und Feldspatvertretern sowie C_3A gehen in Lösung. Es bildet sich hexagonaler Ettringit.

$$Ca_3Al_2O_6 + 3CaSO_4 + 32\ H_2O \rightarrow Ca_6Al_2(SO_4)_3(OH)_{12} \cdot 26H_2O$$

Ebenfalls entstehen Alkalisulfate und geringe Mengen an Kalziumhydroxid ($Ca(OH)_2$), wobei letzteres auch als Portlandit bezeichnet wird. Zusätzlich reagiert C_3S zu den ersten Kalziumsilikathydratphasen (C–S–H–Phasen), die kolloidal als Gel vorliegen und in diesem Zustand röntgenamorph sind. Ihre Struktur zu Beginn der Hydratation ist bis heute nicht vollständig erklärt. Der Ettringit besitzt eine nadelige Kristallmorphologie, wobei das Längen/Breiten–Verhältnis im Anfangsstadium der Hydratation relativ klein ist. Der Zementleim bleibt in diesem Stadium thixotrop verarbeitbar. Ohne die Reaktion des C_3A mit dem $CaSO_4$ und H_2O würde das C_3A direkt mit dem Wasser reagieren und den Zementleim sofort erstarren lassen. Dieses hätte eine geringe Endfestigkeit zur Folge. Nach den ersten Minuten geht das System in eine Ruhephase (Induktionsphase) über. Die ersten Hydratationsprozesse sind größtenteils abgeschlossen und die Hydratationsgeschwindigkeiten nehmen ab. Jedoch setzt eine starke und ausschlaggebende Änderung des Gefüges ein. Innerhalb der Ruhephase bildet sich kaum merklich weiterer Ettringit, sondern ein Umkristallisationsprozess beginnt. Kleinere Ettringitkristalle werden von größeren verbraucht und wachsen in Folge dessen weiter. Das Längen/Breiten–Verhältnis vergrößert sich, so dass die Nadeln den Porenraum zwischen den einzelnen Zementpartikeln durchdringen und andere Zementpartikel erreichen. Die einzelnen Nadeln sind fortwährend immer dichter ineinander verstrickt. Nach ca. ein bis drei h beginnt der Zement bzw. zementgebundene Baustoff zu erstarren. D. h., die Änderung der Kristallmorphologie des Ettringits durch die Umkristallisation ist ausschlaggebend für den Erstarrungsprozess. Weiterhin bilden sich erste sehr feine und nadelige C–S–H–Kristalle aus, die strukturell dem natürlichen Mineral Tobermorit ähnlich sind und als "tobermoritähnlich" bezeichnet werden.

$$2Ca_3SiO_5 + 6H_2O \rightarrow Ca_5(Si_6O_{16}\ (OH)_2) \cdot 7(H_2O) + Ca(OH)_2$$

2 Literaturübersicht

Die Grenze zwischen der ersten und der zweiten Zeitstufe wird durch das Ende der Ruhephase und das Widereinsetzen der intensiven Hydratation bestimmt. Die zweite Zeitstufe betrachtet den Zeitraum von ca. vier bis sechs h bis <24 h nach Zugabe des Anmachwassers. Nach dem Wiedereinsetzen der intensiven Hydratation wachsen die Ettringit- und die C–S–H–Kristalle weiter. Zusätzlich bilden sich plättchenförmige $Ca(OH)_2$–Kristalle. Die C–S–H–Kristalle bilden Fasern, aus denen Büschel und Blattstrukturen entstehen. Größere Kristalle überbrücken die Porenräume und initiieren damit das Erhärten des Zements.

Die dritten Zeitstufe umfasst einen Zeitraum von >24 h bis 90 d nach dem Anmachen des Zementes. Die Verfestigung nimmt durch die fortschreitende Hydratation zu, jedoch mit abnehmender Hydratationsrate. Das Gefüge wird fortwährend dichter und der Porenraum zunehmend verringert. Da nicht ausreichend SO_4^{2-} relativ zum C_3A vorhanden ist, zerfällt der Ettringit ab einer SO_4^{2-}–Konzentration von 8.6 mg/l fortwährend zu Monosulfat und $CaSO_4$ und gibt weiteres Sulfat für die Bildung von weiterem Monosulfat frei.

$$Ca_6Al_2(SO_4)_3(OH)_{12} \cdot 26H_2O \rightarrow Ca_4Al_2(SO_4)(OH)_6 \cdot 12H_2O + 2CaSO_4 + 20H_2O$$

Das $C_4(A,F)$ und das C_2S hydratisieren nach dem Wiedereinsetzen der intensiven Hydratation, jedoch relativ zum C_3A und C_3S sehr langsam.

$$C_2(Al_x, Fe_{1-x})_2O_5 + 2Ca(OH)_2 + 10H_2O \rightarrow C_3Al(OH)_6 + Ca_3Fe(OH)_6$$
$$\text{und } C_2S + 4OH^- \rightarrow Ca_3(SO_4)_2(OH)_3 + Ca(OH)$$

Die vorherrschenden Phasen am Ende der dritten Hydratationsstufe sind Kalziumsilikathydrat, Aluminiumhydrat (Katoit, $Ca_3Al_2(OH)_{12}$), Monosulfat und Calciumhydroxid. Der pH–Wert steigt insgesamt auf 12.6, das einen natürlichen Korrosionsschutz für Stahlbewehrungen mit sich bringt. Die Festigkeit steigt bei abnehmender Reaktionsgeschwindigkeit zwischen den Reaktionspartnern über viele Jahre weiter an.

Zusammenfassend reagieren während der Hydratation von Portlandzement die Calciumsilikate, –aluminate und weitere Ausgangsstoffe zu relativ komplexen Hydratphasen. Die Reaktionen setzen zu unterschiedlichsten Zeitpunkten ein und weisen stark von einander abweichende Reaktionsgeschwindigkeiten auf. Diese beiden zeitlichen Aspekte erhöhen die Komplexität der Hydratations– und

2.1 Das Bindemittel Zement

Wechselwirkungsprozesse zwischen den einzelnen Bestandteilen. Die Entwicklung des Zementleims bis hin zum erstarrten und ausgehärteten zementgebundenem Baustoff muss als Prozess mit einer übergeordneten Dynamik beschrieben werden.

Im Folgenden werden die einzelnen Hydratationsprodukte beschrieben, die für die Charakterisierung des Frühstadiums der Zementhydratation und ihrer aktiven Beeinflussung durch Zusatzmittel im Vordergrund stehen. In der Tabelle 2.1 sind die Netzebenenabstände (d–Werte, s. Kapitel 3.2.1) und die Reflexlagen mit den höchsten relativen Intensitäten aufgelistet, die als Grundlage für die spätere Phasenidentifizierung dienten:

Portlandit: Das Calciumhydroxid ($Ca(OH)_2$) gehört zu der trigonalen Raumgruppe $P\bar{3}m$ und wird in der Literatur häufig als Portlandit bezeichnet. Es stellt neben der Bildung von Ettringit eines der ersten Reaktionsprodukte während der ersten Hydratationsstufe dar. Die Kristallstruktur besteht aus kantenverknüpften Ca–Oktaedern, die bruzitähnliche Schichtstrukturen senkrecht c aufbauen.

Aluminiumhydrat: Diese Phase trägt in der Literatur ebenfalls den Mineralnamen Katoit ($Ca_3Al_2(OH)_{12}$) und wird auf Grund seiner Kristallstruktur auch als Hydrogranat bzw. Hydragrossular bezeichnet. In der Literatur wird es für Betrachtungen der Mischkristallreihen zwischen Endgliedern der Granatgruppe ($M_3Al_2Si_3O_{12}$, M = Fe, Mg, Ca) als Si–freie und hydratisierte Granatmodifikation mit hinzugenommen [24]. Es bildet sich innerhalb des Multiphasensystems Zement zu Beginn der dritten Hydratationsstufe aus der Reaktion von C_3A mit Wasser. Liegt das C_3A als reine Zementklinkerphase außerhalb des Multipha-

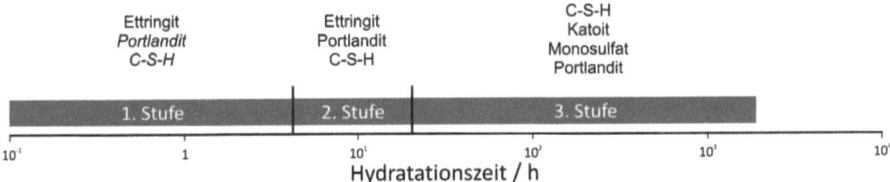

Abbildung 2.4: *Schematische Darstellung des zeitlichen Verlaufes der Zementhydratation und der Einteilung in drei Zeitstufen. Zusätzlich sind die Hydratphasen aufgelistet, die in den jeweiligen Hydratationsstufen vorliegen (kursiv geschriebene Phasen liegen als Nebenphasen vor).*

sensystems vor, reagiert es umgehend mit dem Wasser zum Aluminiumhydrat. Die Reaktionsgeschwindigkeit ist relativ hoch, so dass nach 30 min etwa die Hälfte des C_3A hydratisiert vorliegt und nach wenigen Stunden überwiegend das Produkt der Hydratation im Phasenbestand röntgenographisch zu erfassen ist. Katoit ist ausschließlich in Zementen ohne Calciumsulfatphasen vorhanden. Bei dem Vorhandensein von Kalziumsulfat reagiert das Aluminat mit dem gelösten Sulfat in der Porenlösung und Wasser umgehend zu Ettringit. Diese Reaktion steht bei der ersten Hydratationsstufe im Vordergrund und ist für das Erstarrungsverhalten des Zementleimes entscheidend.

Kalziumsilikathydratphasen: Auch als C–S–H–Phasen abgekürzt, stellen die umfangreichste Gruppe von Hydratationsprodukten dar, die bei der Hydratation von zementgebundenen Baustoffen aufzufinden sind. In der Literatur sind über 40 unterschiedliche kristalline Modifikationen der C–S–H–Phasen beschrieben, die zu verschiedenen Zeiten der Hydratation auftreten und sich bezgl. der Morphologie stark voneinander abgrenzen [25, 26]. Jedoch treten die C–S–H–Phasen während der Zementhydratation, besonders bei Portlandzement, als C–S–H–Gel und eher selten kristallin auf. Die bekannteste und in der Literatur am häufigsten diskutierten kristallinen Modifikationen sind in der Gruppe der Tobermorite ($Ca_5Si_6O_{16}(OH)_2 \cdot xH_2O$), beispielsweise der 14Å–Tobermorite, zusammengefasst [27]. Sie stellen Inosilikate (Kettensilikate) dar und besitzen die größte strukturelle Ähnlichkeit mit den C–S–H–Gelen, die bei der Hydratation von zementgebundenen Baustoffen auftreten [4]. Auf Grund der strukturellen Vielfalt der C–S–H–Phasen und der meist röntgenamorphen Struktur sind die Reflexpositionen im Folgenden nicht weiter aufgelistet. Eine umfassende Charakterisierung erfolgte vor wenigen Jahren von K. Garbev [28]. Für eine strukturelle Beschreibung der C–S–H–Phasen dienen spektroskopische Verfahren oder alternative Beugungsmethoden wie die Elektronenbeugung. Dennoch sind die C–S–H–Phasen zur Darstellung der Hydratationsprodukte und ihrer strukturellen Vielfallt mit aufgeführt. Ihre Bildung wirkt sich deutlich auf die Entwicklung des Untergrundes aus und liefert zusätzliche Informationen über die Hydratationscharakteristik.

Monosulfat: Diese Sulfatphase gehört zu der Phasengruppe der AFm–Phasen. Die Kristallstruktur ist auf Grund der strukturellen Ähnlichkeiten mit sekundär gebildeten Phasen im anschließenden Abschnitt detailliert beschreiben.

Ettringit: Ähnlich wie beim Monosulfat wird der Ettringit der AFt–Phasengruppe zugeordnet. Es besteht eine strukturelle Ähnlichkeit zu dieser Grupper der sekundär gebildeten Phasen, so dass eine Beschreibung der Kristallstruktur ebenfalls im anschließenden Abschnitt erfolgt.

Für ein Erstarren des Zementleimes muss die Konzentration an gelöstem SO_4^{2-} in der Porenlösung zu Beginn der Hydratation so eingestellt sein, dass das gesamte C_3A zu Ettringit reagiert. Liegt zu Beginn der Hydratation eine zu hohe C_3A- bzw. zu niedrige SO_4^{2-}–Konzentration in der Porenlösung vor, bildet sich neben dem Ettringit zusätzlich Aluminiumhydrat oder Monosulfat. Im Gegensatz dazu entstehen bei einem SO_4^{2-}–Überschuss zu Beginn der Hydratation nadelige Kristalle aus sekundärem Gips. Beide Szenarien führen zu einem verfrühten Erstarren des Zementleimes. Sowohl bei einem Mangel oder Überschuss an gelöstem SO_4^{2-} bezüglich der Ettringitbildung kommt es zur Ausfällung von Kristallen, die den Porenraum durchdringen, zunehmend ausfüllen und dadurch das Gefüge verfestigen. Daher ist es grundlegend die Konzentration des gelösten SO_4^{2-} auf die Reaktivität des C_3A abzustimmen. Als SO_4^{2-}–Träger dienen in der Regel die $CaSO_4$–Modifikationen Gips, Halbhydrat oder Bassanit und Anhydrit, wobei sich ihre Löslichkeiten stark voneinander unterscheiden. Als vorteilhaft hat sich Halbhydrat oder löslicher Anhydrit III herausgestellt. Sie zeigen relativ zum Gips bzw. Dihydrat und natürlichem Anhydrit eine hohe Löslichkeit und können daher direkt nach der Zugabe des Anmachwassers ausreichend SO_4^{2-} an die Porenlösung abgeben. Eine Möglichkeit, dem System Halbhydrat zuzuführen, ist eine gezielte Dehydratisierung des Gipses im Zement durch die Wärmeentwicklung beim Mahlprozess. In der Literatur ist der Begriff des *falschen Erstarrens* häufig mit dem Einfluss des löslichen SO_4^{2-} auf das Hydratationsverhalten verknüpft. Der Begriff beschreibt ein Erstarren kurz nach dem Anmachen, das jedoch nur kurzzeitig auftritt und anschließend wieder verschwindet. Dieses beruht auf einer temporären Bildung von sekundärem Gips durch die Rehydratisierung des Halbhydrates. Es reichen bereits sehr geringe Mengen an sekundärem Gips aus, um ein verfrühtes Erstarren einzuleiten [29]. Um für spätere Reaktionen lösliches SO_4^{2-} in der Porenlösung zu gewährleisten, sollte ein geringer Anteil an sich langsam lösenden Anhydrit im Zement enthalten sein. In der Literatur werden Studien zu optimalen Gips/Anhydrit(natürl.)–

2 Literaturübersicht

Verhältnissen beschrieben [29, 30]. Sie beziehen sich wie die Schilderungen zuvor auf Portlandzemente, deren Erstarrungsverhalten ausschließlich eine Funktion der Anfangsreaktion des C_3A ist. Bei Kompositzementen ist mit zunehmendem Anteil der Zusatzstoffe die Anfangskonzentration an löslichen SO_4^{2-} geringer und muss bei hohen Anteilen von Zusatzstoffen berücksichtigt werden.

Tabelle 2.1: *Reflexpositionen der Hydratationsprodukte*

Portlandit 44-1481		Katoit 24-0217		Monosulfat 44-0602		Ettringit 01-072-0646	
d [Å]	2θ ($Cu_K\alpha$)	d [Å]	2θ ($Cu_K\alpha$)	d [Å]	2θ ($Cu_K\alpha$)	d [Å]	2θ ($Cu_K\alpha$)
2.62	34.20	2.30	39.22	10.23	8.64	9.75	9.06
4.92	18.01	2.04	44.39	5.11	17.33	5.63	15.73
1.80	50.83	5.13	17.27	3.41	26.13	3.89	22.87
1.93	47.12	2.81	31.82	2.56	35.09	4.70	18.85
3.11	28.67	3.36	26.52	2.04	44.26	2.57	34.91
1.48	62.63	1.68	54.58			2.21	40.74
1.45	64.23	3.14	28.38			2.78	32.16
1.31	71.84	4.44	19.97			3.49	25.53
1.14	84.83	1.74	52.46			4.99	17.77
1.06	93.22	2.47	36.42			8.88	9.95

Schädigungsmechanismen — Die letzten Sekunden eines Bauwerkes

Durch unterschiedliche Faktoren können bei Bauwerken Schädigunsmechanismen einsetzen, welche die Stabilität kritisch einschränken und damit ein Gefahrenpotential darstellen. Häufig sind die Schäden durch äußere Faktoren verursucht, da ein Bauwerk nach der Fertigstellung seinen Umgebungsbedingungen ausgesetzt ist. Natürliche oder Lösungen mit anthropogenem Ursprung dringen in den Baustoff ein und initialisieren Schädigungsmechanismen, die sich je nach Baustoff- und Lösungsart voneinander unterscheiden. Die Intensität der Schädigung ist direkt abhängig von der Lösungskonzentration, Wechselwirkungsdauer, Porosität etc. Zusätzlich können auch interne Einflüsse, wie z. B. die Konzentration an gelöstem Sulfat im Porenwasser, Schädigungsmechanismen begünstigen oder sogar hervorrufen. Die inneren Angriffe waren nicht im Fokus der Untersuchungen und werden demnach nicht diskutiert. Die folgenden Schwerpunkte beziehen sich auf zwei Schädigungsmechanismen, die, durch äußere Einflüsse initiiert, anschließend rekonstruiert wurden.

Die schädigende Wirkung von Sulfatlösungen auf die Zementmatrix von zementgebundenen Baustoffen ist bereits seit dem neunzehnten Jahrhundert bekannt. Seitdem gibt es intensive Bemühungen, die Beständigkeit von Baustoffen gegen diesbezügliche Veränderungen des Bindemittels zu erhöhen. Einer der entscheidendsten Parameter für die Beurteilung des Sulfatwiderstandes eines Zementes ist sein C_3A-Gehalt. Die durchgeführten Untersuchungen fanden an einem Portlandzement mit <3% C_3A statt, der daher keinen hohen Sulfatwiderstand besitzt. Im Vergleich zu natürlichen Lösungen lagerten die Proben in Lösungen mit relativ hohen Sulfatkonzentrationen aus. Die Wahl des Zementes und der Lösungskonzentration zielte auf eine möglichst intensive und zeitnahe Schädigung des Probenmaterials ab, um einen hohen Schädigungsgrad bei der Prüfung des entwickelten Verfahrens zu erreichen. Eines der ersten Produkte bei der Hydratation von Portlandzement ist Portlandit. Dieses Kalziumhydrat kann mit dem Na_2SO_4, das als Sulfatträger bei der Herstellung für die Auslagerungslösung verwendet wurde, zu sekundärem Ettringit (<1g/l) oder Gips (>1g/l) reagieren [31]. In der Regel ist das SO_4^{2-} durch die Reaktion mit C_3A zu Ettringit verbraucht. Die Kristallisation kann dennoch einsetzen, wenn (durch die Gesteinskörnung oder) von außen, z. B. durch die Verwitterung von Pyrit (FeS_2) im umgebenen Gestein, SO_4^{2-} in den Zementstein gelangt. Das Ettringittreiben erzielt eine schädigende Wirkung ausschließlich durch treibende Ettringitkristalle mit einer Größe >1 μm, die in Porenlösungen mit einer hohen OH⁻-Konzentration, z. B. bei der Hydratation von Portlandzement, entstehen [4]. Das Gipstreiben setzt im Vergleich zum Ettringittreiben bei höheren Sulfatkonzetrationen ein. Daher war besonders das Gipstreiben durch die Verwendung der hoch konzentrierten Sulfatlösung zu erwarten. Bei beiden treibenden Angriffen kristallisieren die sekundären Phasen im Porenraum der Zementmatrix und führen zu Beginn zu einer Verfestigung des zementgebundenen Baustoffes. Ihre Bildung ist jedoch zusätzlich mit einer Volumenexpansion verknüpft, und der Porenraum wird sukzessiv durch die sekundären Phasen ausgefüllt. Der Kristallisationsdruck führt anschließend Spannungen im Baustoff hervor, und Schädigungen in Form von Rissbildungen und Abplatzungen sind die Folge. Die Sulfatlösungen können durch die Rissbildungen schneller in den Baustoff eindringen. Damit ist die Kristallisation von schädigenden Sulfatphasen bei gleichbleibender Lösungseinwirkung ein selbstantreibender Prozess.

Im Gegensatz zu einem Sulfatangriff ist durch das Einwirken einer Chloridlösung keine Volumenexpansion während der Kristallisation sekundärer Phasen zu erwarten. In der Praxis geht die schädigende Wirkung bei einem Bauwerk eher aus der Korrosion der Stahlbewehrung und nicht aus einer Degradation der Zementmatrix hervor. Bei der Verwendung von Stahlbeton besteht ein Schadenspotential durch das unterschiedliche Reaktionsverhalten der beiden Komponenten Stahl und Beton bei dem Vorhandensein von Wasser und Sauerstoff. Durch den Wasserkontakt geht Fe^{2+} aus dem Stahl in die angrenzende Porenlösung über. Gleichzeitig erhöht sich die Konzentration von Valenzelektronen an der Oberfläche der Stahlbewehrung. Es bildet sich durch die elektrostatische Wechselwirkung eine stabile Doppelschicht. Eine fortschreitende Reaktion wird gehemmt. Unter der Voraussetzung, dass die Porenlösung nicht ionenleitend und kein Sauerstoff vorhanden ist, bilden die Metallionen an der Stahloberfläche eine dünne Oxidschicht (Passivschicht) aus, die den Stahl vor dem Fortschreiten der Korrosion schützt. Dieses Gleichgewicht kann durch Inhomogenitäten im Stahl oder weitere Ladungsträger, z. B. Ionen in der Porenlösung, gestört werden. Je höher der pH-Wert, desto höher muss die Konzentration der zusätzlichen Ionen in der Lösung sein, um eine schädigende Wirkung zu erzielen. Der hohe pH-Wert von >12 in der Porenlösung hat dementsprechend eine Schutzfunktion für Stahlbewehrungen im Zement bzw. Beton. Reduziert sich der pH–Wert wesentlich, kollabiert die Passivierungsschicht und der Korrosionsschutz geht verloren. Zwei mögliche Ursachen für die lokale Senkung des pH–Wertes sind erhöhte Konzentrationen von CO_2 oder Cl^- ($\geq$0.4 Mol%), die von außen in den Zement eindringen. An diesen Schwachstellen reagieren die Elektronen mit Porenwasser und Sauerstoff zu OH^-. Dieses kann an anderer Stelle weitere Metallionen an der Oberfläche mobilisieren und wiederum Elektronen freisetzen [4, 3]. Ein materialschädigender Kreislauf setzt ein, der zu einer lokalen oder flächigen Zersetzung der Stahlbewehrung führt [15]. Des Weiteren führt die Reaktion von CO_2 mit den C–S–H–Phasen durch die Bildung von Kieselsäure zu einer Senkung des pH–Wertes <10, und die Schutzfunktion durch die Passivschicht geht verloren. Die Karbonatisierung reduziert den Diffusionswiderstand des Zementsteins für weitere Ionen wie Cl^- und kann damit weitere Schädigungsprozesse einleiten. Das Cl^- dringt insbesondere in submarinen zementgebundenen Baustoffen durch das umgebene Meerwasser, aber auch z.B. in der Winterzeit durch den Einsatz von Streusalz in den Zement, ein und wird gelöst. Es kann nur bedingt in den C–S–H–Phasen der Zementmatrix eingebunden werden, ohne eine schädigende Wirkung zu erzielen. In der Literatur wird die Änderung des Phasenbestandes erst bei relativ hohen Chlorkonzentrationen beschrieben. Die kritische Chloridkonzentration bei einer gesättigten $Ca(OH)_2$–Lösung beträgt 700 mg/l. Sobald das $CaSO_4$ während der Hydratation komplett gebunden ist, bildet sich durch die Reaktion des Chlorids mit C_3A und $C_2(A,F)$ unterhalb einer Chlorkonzentration von zehn g/l stabiles Monochlorid, das in der Literatur auch als Friedelsches Salz bekannt ist (s. Abs. 2.1). Ist jedoch noch gelöstes $CaSO_4$ in der Porenlösung vorhanden und die AFm–Phase Monochlorid nicht stabil, zersetzt sie sich durch das Einwirken von CO_2 zu $CaCO_3$ und Gibbsit ($Al(OH)_3$), und Chloridionen werden als HCl an die Porenlösung abgegeben. Der pH–Wert sinkt und der Korrosionsschutz geht verloren [4]. Die chlorhaltige AFt–Phase Trichloridhydrat wird ab einer Chlorkonzenration >10 g/l gebildet und das Vorhandensein dieser Phase ist ein Indikator für das Einwirken relativ hoch konzentrierter Chlorlösungen [31].

Die Schädigung des Zementes durch die Karbonatisierung wurde im vorherigen Abschnitt in der Kombination mit einem Choridangriff erwähnt. Das CO_2 diffundiert in die Zementsteinporen und löst sich in der Porenlösung. Der Diffusionsprozess setzt direkt nach dem Kontakt zu der Umgebungsluft ein. Durch die einfache Reaktion von CO_2 und den Hydratationsprodukten an den Porenwänden, besonders $Ca(OH)_2$, entstehen innerhalb von wenigen Minuten amorphes $CaCO_3$ und Wasser. Dieses senkt die Konzentration an OH- in der Porenlösung und reduziert den pH–Wert auf <10. Das amorphe $CaCO_3$ kristallisiert nach ca. 6 h und kann theoretisch in allen drei Modifikationen Calcit, Aragonit oder auch Vaterit vorliegen und bei Portlandzement durch eine Volumenzunahme von zwei bis 13% zu einer Verdichtung des Gefüges und zu einer Erhöhung der Festigkeit führen [3]. Die thermodynamisch stabilste Modifikation Calcit wurde in der Vergangenheit nicht gefunden. Untersuchung ergaben ausschließlich ein Vorhandensein von Aragonit und Vaterit [32] Sekundäre Phasen entstehen sowohl durch äußere Einflüsse auf den zementgebundenen Baustoffe als auch durch die Wahl von ungünstigen Elementkonzentrationen im Zement oder den Einfluß der Gesteinskörnung. In dieser Arbeit wurden ausschließlich Prozesse untersucht, die durch einen äußeren Angriff auf das Probenmaterial hervorgerufen wurden. Die aufgeführten Phasen können bei der Zementhydration oder durch unterschiedliche Einflüsse sekundär entstehen, wurden jedoch allesamt bei der Beobachtung der Phasenbestandänderung durch äußere Angriffe identifiziert. Der überwiegende Anteil an sekundären Phasen kann in zwei Phasengruppen, den Alumina Ferrit Mono(sulfat)= AFm und Alumina Ferrit Tri(sulfat) = AFt, eingeteilt werden. Die jeweiligen Phasen der Gruppen sind im folgenden aufgelistet und deren Strukturen an einem Beispiel erklärt. In den Tabellen 2.2 und 2.3 sind die Reflexlagen mit den höchsten relativen Intensitäten aufgelistet, die als Grundlage für die spätere Phasenidentifizierung dienten.

AFm–Phasen: Der Begriff AFm beschreibt eine Gruppe von Kalziumaluminathydraten mit einer Formeleinheit SO_4^{2-}, CO_3^{2-}, OH^- oder Cl^- pro Elementarzelle. Sie weisen bruzitähnliche Schichtstruktur senkrecht c aus kantenverknüpften Polyedern mit siebenfach koordiniertem Ca^{2+} und sechsfach koordinierten Al^{3+} als Zentralatome auf [33, 34]. Der Einbau der Anionen SO_4^{2-}, CO_3^{2-}, OH^- oder $2Cl^-$ geht auf die die Substitution von Ca^{2+} als Zentralatome durch dreiwertige Ionen, wie Al^{3+} und selten auch Fe^{3+} zurück. Durch die Substitution entsteht eine positive Restladung, die eine Vergrößerung des Abstandes zwischen den Oktaederschichten bewirkt. Die positive Restladung wird durch den Einbau der Anionen SO_4^{2-}, CO_3^{2-} oder Cl^- kompensiert. Weiterhin ermöglicht die

2.1 Das Bindemittel Zement

Erweiterung des Schichtabstandes den Einbau zusätzlicher Wassermoleküle in die Kristallstruktur [35]. Die strukturelle Vielfalt dieser Gruppe von Kalziumaluminathydraten basiert auf dem eingeschränkten Austausch der ladungskompensierenden Anionen SO_4^{2-}, CO_3^{2-}, OH^- oder Cl^- [36]. AFm–Modifikationen, die ausschließlich eines der vier ladungskompensierenden Anionen enthalten, sind Monosulfatalumniat ($Ca_4Al_2(SO_4)(OH)_{12}\cdot 6H_2O$), Monokarbonataluminat ($Ca_4Al_2(CO_3)(OH)_{12}\cdot 5H_2O$), und Friedelsches Salz ($Ca_2AlCl(OH)_6\cdot yH_2O$). Monokarbonataluminat und Friedelsches Salz stellen jeweils mit Monosulfataluminat Mischkristallreihen von Phasen dar, die gleichzeitig SO_4^{2-} und CO_3^{2-} bzw. Cl^- für die Ladungskompensation einbauen. Das Vorhandensein einer Mischungslücke ist für die SO_4^{2-} – CO_3^{2-} –Reihe nicht endgültig geklärt. Die kristalline Phase mit gleichen Anteilen an SO_4^{2-} und Cl^- wird Kuzelsches Salz ($Ca_2AlCl_{0.5}(SO_4)_{0.5}(OH)_6\cdot yH_2O$), und die Phase mit gleichen Anteilen an SO_4^{2-} und OH^- ($Ca_2AlCl_{0.5}(SO_4)0.5(OH)6\cdot yH_2O$) wird Kuzelit genannt. Die Kristallstrukturen der möglichen AFm–Modifikationen mit jeweils einem oder zwei der drei ladungskompensierenden Anionen gehören zu der trigonalen Raumgruppe $R\bar{3}c$. Diese strukturelle Ähnlichkeit erlaubt eine übergreifende Darstellung aller AFm–Kristallstrukturen (s. Abb. 2.5).

$$[Ca_4Al_2(OH)_6\cdot 12H_2O]\cdot x\cdot yH_2O \quad x = SO_4^{2-},\ CO_3^{2-}\ \text{bzw.}\ 2Cl^-$$

Tabelle 2.2: *Reflexpositionen der AFm–Phasen*

Monokarbonat 41–219		Friedelsches Salz 89–8294		Kuzelsches Salz 78–1219		Kuzelit 50–1607	
d [Å]	$2\theta(Cu_{K\alpha})$	d [Å]	$2\theta(Cu_{K\alpha})$	d [Å]	$2\theta(Cu_{K\alpha})$	d [Å]	$2\theta(Cu_{K\alpha})$
7.58	11.67	7.78	11.36	7.90	11.19	8.97	9.85
3.78	23.49	2.86	31.23	2.88	31.06	4.48	19.82
2.52	35.56	3.78	23.53	3.95	22.49	2.36	38.07
2.42	37.10	2.31	39.04	3.86	23.03	2.19	41.19
2.34	38.42	3.89	22.84	2.28	39.49	2.07	43.67
2.86	31.27	2.11	42.78	2.16	41.78	4.00	22.18
2.54	35.37	2.11	42.89	2.28	39.56	2.88	31.00
2.48	36.13	2.51	35.80	1.66	55.28	2.42	37.09
2.12	42.69	1.70	53.91	2.45	36.66	2.24	40.32
2.10	43.10	2.28	39.47	3.73	23.87	1.91	47.68

2 Literaturübersicht

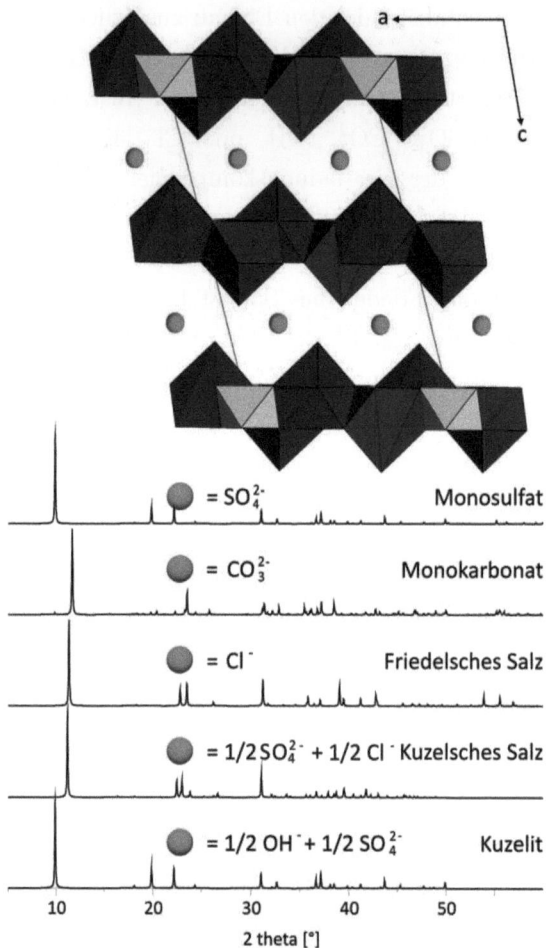

Abbildung 2.5: *Die Elementarzellen von Friedelschem Salz parallel **b** als Beispiel für die Kristallstrukturen der AFm– Phasen (oben). Die Al[6]–Polyeder sind in Gelb, die Ca[7]–Polyeder in Blau, die Aluminiumatome in Rot und die Kalziumatome in Grau dargestellt. Die grünen Atome repräsentieren Atompositionen, die durch verschiedene Ionen besetzt werden können. Die daraus einhergehenden Unterschiede der Kristallstrukturen führen zu verschiedenen Reflexpositionen und –intensitäten in den Diffraktogrammen (unten) [37, 34, 38, 39, 40].*

2.1 Das Bindemittel Zement

AFt–Phasen: Der Begriff AFt beschreibt korrespondierend zu den AFm–Phasen eine Gruppe von Kalziumaluminathydraten, jedoch mit drei Formeleinheiten SO_4^{2-}, CO_3^{2-} bzw. sechs Formeleinheiten Cl^- pro Elementarzelle (s. Abb. 2.6). Die reine SO_4^{2-}–Modifikation ist Trisulfat ($Ca_6Al_2(SO_4)_3(OH)_{12} \cdot 26H_2O$) bzw. Ettringit und gehört zu der trigonalen Raumgruppe P31c. Die reine CO_3^{2-}– oder Cl^-–Modifikation ist ein Trikarbonat ($Ca_6Al_2(CO_3)_3(OH)_{12} \cdot 26H_2O$) bzw. Trichloridhydrat ($Ca_6Al_2(Cl)_6(OH)_{12} \cdot 26H_2O$) der selben Raumgruppe [31]. Ebenfalls existieren Modifikationen, in deren Kristallstrukturen OH^-–Gruppen Teile des Sulfates und Karbonates der reinen Modifikationen ersetzten [41]. Bei geringen Temperaturen besetzen SO_4^{2-} und CO_3^{2-} gleichzeitig die Intertunnelpositionen. Die Voraussetzung ist dafür ist die Substitution von Al^{3+} durch Si^{4+}, woraus die Phase Thaumasit $Ca_6Si_2(SO_4)_2(CO_3)_2(OH)_{12} \cdot 26H_2O$ resultiert [42, 43]. Eine vollständige Mischkristallreihe zwischen den SO_4^{2-}– und CO_3^{2-}– Endgliedern liegt nicht vor, da eine gänzliche Abgabe gehemmt ist. Das Elementarzellenvolumen ist eine Funktion des SO_4^{2-}–Gehaltes bzw. verkleinert sich mit zunehmenden CO_3^{2-}–Gehalt in der Verbindung [?].

$[Ca_6Al_2(OH)_{12} \cdot 12H_2O]_2 \cdot x \cdot yH_2O$ x = SO_4^{2-}, CO_3^{2-} = 3 bzw. $6Cl^-$

Tabelle 2.3: *Reflexpositionen der AFt–Phasen*

Ettringit		Trikarbonat		Thaumasit		Trichloridhydrat	
72–646		*		46–1360		*	
d [Å]	$2\theta(Cu_K\alpha)$	d [Å]	$2\theta(Cu_K\alpha)$	d [Å]	$2\theta(Cu_K\alpha)$	d [Å]	$2\theta(Cu_K\alpha)$
9.75	9.06	9.72	9.09	9.59	9.21	9.72	9.09
5.63	15.73	2.56	34.96	3.80	23.38	2.56	34.96
3.89	22.87	3.88	22.90	5.53	16.01	3.60	24.68
4.70	18.85	4.70	18.87	2.51	35.73	5.61	15.77
2.57	34.91	2.21	40.81	3.42	26.01	5.37	16.49
2.21	40.74	3.48	25.59	2.73	32.83	2.21	40.82
2.78	32.16	2.78	32.22	2.17	41.66	3.24	27.49
3.49	25.53	2.15	41.91	4.89	18.12	2.15	41.91
4.99	17.77	3.60	24.68	3.53	25.19	5.77	15.36
8.88	9.95	5.62	15.76	2.58	34.80	4.02	22.08

*berechnet, Ausgangsstruktur PDF: 41–1451

2 Literaturübersicht

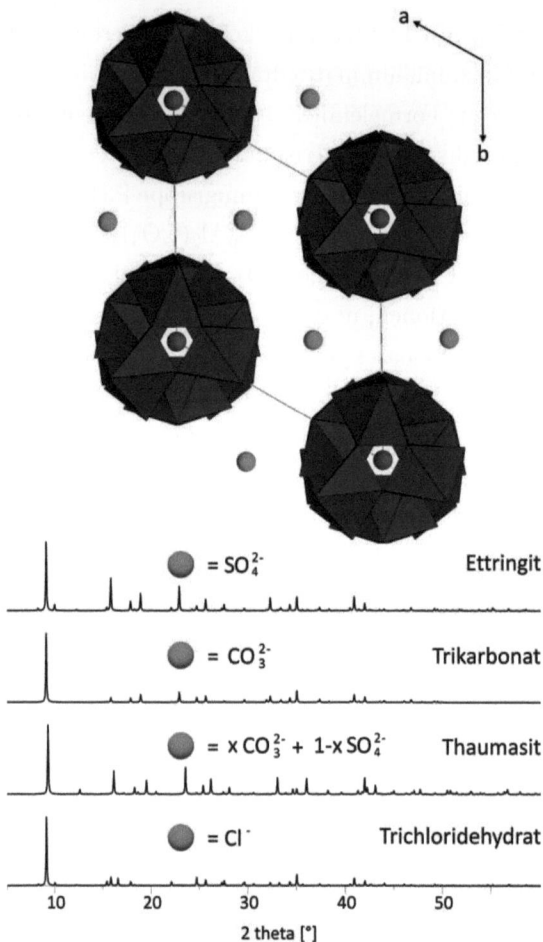

Abbildung 2.6: *Die Elementarzelle von Ettringit parallel **c** als Beispiel für die Kristallstruktur der AFt–Phasen (oben). Die Ca[7]–Polyeder sind blau, die Aluminiumatome rot dargestellt. Die grünen Atome repräsentieren Atompositionen, die durch verschiedene Ionen besetzt werden können. Der resultierende Unterschied der Kristallstrukturen führt zu verschiedenen Reflexpositionen und –intensitäten in den Diffraktogrammen (unten) [44, 45, 46].*

2.2 Analytische Verfahren

Die Röntgendiffraktometrie hat sich in den letzten Jahrzehnten in der Zementforschung etabliert. Besonders in der Qualitätssicherung während der Klinkerproduktion sind Laborröntgendiffraktometer gängige Apparaturen geworden. Sie dienen weitestgehend der Identifizierung und Quantifizierung der Klinkerphasen und Zusatzstoffe im Zement und arbeiten von der Probennahme bis zu der Datenauswertung weitestgehend voll automatisiert [42]. Neben den Vorteilen der automatisierten Verfahren in der Klinkerproduktion sind die Untersuchungen der Zementklinkerphasen jedoch mit Schwierigkeiten verbunden. Nach Taylor muss sogar die Beschreibung der Kristallstrukturen aus der Literatur, basierend auf Ergebnisse der Pulverdiffraktometrie, generell kritisch betrachtet werden [4]. Er argumentiert, dass bei den Pulvermethoden einige Beschreibungen auf inkorrekte Auswertungen der Diffraktogramme zurückzuführen sind, da lediglich die Hauptreflexe berücksichtigt wurden. Generell ist es unvorteilhaft, eine komplexe Kristallstruktur, wie die der Hauptphasen eines Zementes, mittels Daten aus der Pulverdiffraktometrie zu lösen. Ergebnisse aus der Einkristalldiffraktometrie sind dafür insgesamt besser geeignet, jedoch sind Einkristalle mit einer ausreichenden Größe mit Einkristalldiffraktometern selten oder gar nicht vorhanden.

Mit Ergebnissen aus der Pulverdiffraktometrie sind die Klinkerphasen im Zement auf Grund ihrer sehr komplexen Kristallstrukturen lediglich unter großen Aufwand zu verfeinern. Hinzu kommt die Vielzahl von Modifikationen, die durch den Einbau von stabilisierenden Fremdionen entstehen (s. Kap. 2.1), instrumentelle Einflüsse und Probeneffekte die eine Strukturverfeinerung erschweren und erst durch den Einsatz spezieller Messgeometrien, Strahlfokussierungen, etc. umgangen werden. Beispielsweise stellen selbst einfache Zemente nach Einsetzen der Hydratation Multiphasensysteme mit mehr als acht Phasen dar [47, 39]. Zusätzlich orientieren sich manche Phasen bevorzugt zur Probenoberfläche und rufen Textureffekte hervor [48]. Dieses erhöht die Rechenzeit und erschwert eine akzeptable Verfeinerung einzelner kristalliner Phasen. Jedoch ist die Rietveldverfeinerung eine wirkungsvolle Methode, den Phasenbestand zu bestimmen, der nicht indirekt aus einer Elementanalyse abzuleiten ist [49, 50, 51]. Darüber hinaus erschweren Korngrößeneffekte die Untersuchungen mittels Pulverdiffraktometrie, da die chemische Zusammensetzung des Klinkerpulvers stark

2 Literaturübersicht

von der Partikelgröße abhängig ist. Beispielsweise befinden sich in der Feinfraktion bevorzugt Silikate. Gleichzeitig lässt sich die gröbere Fraktion durch eine schlechte Statistik der Partikelgröße lediglich mit einer geringen Reproduzierbarkeit untersuchen [52, 53, 54]. Eine Vielzahl weiterer Aspekte führt die Strukturanalytik unter der Nutzung von Röntgendiffraktometern an ihre Grenzen. Die Kombination verschiedener Methoden oder die Verwendung anderer Strahlquellen lassen die unerwünschten Einflüsse äußerer Faktoren minimieren und stellen den Schwerpunkt dieser Arbeit da.

Mit Hilfe der Röntgenkleinwinkelstreuung (small angle X–Ray scattering, SAXS) sind Aussagen über Partikelgröße und –form von amorphen und kristallinen Untersuchungsobjekten mit Größen bis in den Nanometerbereich möglich. Der betrachtete Winkelbereich befindet sich bei sehr niedrigen Beugungswinkeln 2θ. Im Gegensatz zu der Röntgenbeugung werden ebenfalls die gestreuten Intensitäten genutzt, um Aussagen über das Probenmaterial zu treffen. Eine mögliche Anwendung dieser Untersuchungsmethode wäre eine intensive Charakterisierung der Partikelform und Reaktivität von Zusatzstoffen mit Partikelgrößen im Nanometerbereich. Diese Zusatzstoffe werden zunehmend eingesetzt, um die Materialeigenschaften der Zementmatrix in zementgebundenen Baustoffen zu optimieren. Jedoch hat die SAXS in diesem Bereich noch keinen Einzug gehalten. Der Schwerpunkt liegt bislang auf dem Effekt der Partikelgröße auf den Porenraum und den Anteil dieser Zusatzstoffe im Phasensystem [55, 56]. SAXS wird bevorzugt zur Charakterisierung erster Hydratationsprodukte genutzt. Besonders zu Beginn der Hydratation bilden sich amorphe bzw. teilkristalline Bereiche aus, in denen der Kristallisationsprozess von ersten Hydratationsprodukten wie Ettringit und den C–S–H–Phasen initialisiert wird. Sie sind allein mittels XRD nicht zu erfassen, da in diesem Anfangszustand noch keine Translationssymmetrie eines Kristallgerüstes und damit keine ausgeprägten Netzebenen vorliegen, die eine Beugung eines Röntgenstrahls bei höheren Beugungswinkeln bewirken [57, 58]. Ebenfalls lässt die Betrachtung des niedrigen Beugungswinkelbereiches eine Charakterisierung von C–S–H–Gelstrukturen und der Porosität zu [59].

Die Röntgenfluoreszenzanalytik (RFA) erlaubt zerstörungsfreie elementspezifische Untersuchungen. Dieses eröffnet grundlegende Informationen über potentielle Phasen in dem zu untersuchenden System abzuleiten, ohne sie jedoch

2.2 Analytische Verfahren

direkt zu bestimmen [49]. In Verbindung mit einem beweglichen Probentisch sind ortsaufgelöste Oberflächenmessungen an einer erhärteten Probe von mehreren Quadratzentimetern in einer vertretbaren Zeit durchführbar. Sie eignet sich damit als nützliche Informationsquelle für kombinatorische Ansätze bei der Analyse von Schädigungen durch eindringende aggressive Lösungen und ihrer Reaktionsprodukte oder der Analyse von röntgenamorphen Phasen innerhalb der Zementmatrix [60, 61]. Daher wurde die RFA in die Untersuchungen der Schädigungsmechanismen mit eingebracht und lieferte Vorinformation über die Änderung des Phasenbestandes.

Die energie- (EDX) und wellenlängendispersive Röntgenspektroskopie (WDX) ermöglichen die Bestimmung der Elementverteilung in einer Zementmatrix mit einer relativ hohen Ortsauflösung. Liegt die Ortsauflösung bei der RFA maximal im Bereich ≤ 100 μm, kann sie durch die dispersiven Verfahren auf wenige Mikrometer reduziert werden. Beide Verfahren eignen sich, um über bestimmte Elementverhältnisse (s. Kap. 3.2) die Ausbildung sekundärer Phasen innerhalb der primären Zementmatrix zu rekonstruieren [62, 63, 64, 65]. Aus den Ergebnisses können ebenfalls Diffusionsprozesse nachvollzogen werden. Daher wurden Untersuchungen mittels REM–EDX genutzt, um die Ergebnisse der ortsaufgelösten, strukturklärenden Verfahren zu verifizieren.

Die Röntgenabsorptionsspektroskopie (XAS) gibt grundlegende Informationen über einzelne Elemente. Durch die charakteristische Wechselwirkung der Strahlung mit den Elektronen bzw. Anregung der Elektronen eines Elementes sind im Energiespektrum Absorptionskanten zu sehen, die Aussagen über den Oxidationszustand des jeweiligen Elementes erlauben. Dieses liefert grundlegende Informationen für eine anschließende Rietveldverfeinerung der Kristallstruktur [66]. Ebenfalls kann die Änderung der Oxidationsstufen von Metallen in Stahlbewehrungen detektiert werden. Diese gibt umfangreiche Kenntnisse über das Voranschreiten der Stahlbewehrungskorrosion während eines Chloridangriffes oder der Karbonatisierung der Zementmatrix [67, 68]

Die hohe Brillanz, präzise Strahlfokussierung und hohe Strahlintensität sind Eigenschaften der Synchrotronstrahlung, die neue Wege für die Analytik vieler Materialien eröffnen. Beispielsweise erlaubt sie die Untersuchung an Einkristallen von geringer Größe und innovative Messgeometrien für die Pulverdiffraktometrie [69, 70]. Die präzise Strahlfokussierung erlaubt Untersuchungen

2 Literaturübersicht

an massivem Probenmaterial ohne vorangehende Präparation mit einer hohen Ortsauflösung. Aus der hohen Strahlintensität resultieren relativ kurze Messzeiten, sodass einzelne Prozesse, z. B. das Frühstadium der Zementhydratation der Zementklinkerphasen, zeitaufgelöst beobachtet werden können. Hochaufgelöste Pulverdiagramme sind im Sekundenbereich erfassbar. Innerhalb dieser Arbeit wurde diese hohe Zeitauflösung verwendet, mit dem Ziel einen detaillierten Blick in die äußerst dynamischen Prozesse direkt nach dem ersten Wasser/Zement-Kontakt zu erhalten [71]. Skibsted und Hall schlagen eine Kombination aus orts- und zeitaufgelösten Röntgenbeugungsexperimenten vor, die in der Vergangenheit an zementgebundenen Baustoffe noch nicht durchgeführt wurde [52]. Die hohe Strahlintensität verringert experimentelle und präparative Einschränkungen, die bei Röntgendiffraktometern mit Cu als Röntgenanodenmaterial und parafokussierenden Verfahren (Bragg–Brentano) auftreten [48]. Sie ermöglicht die Verwendung von Transmissionsverfahren bei Pulverpräparaten mit relativ großen Probendicken, da die Eindringtiefe der Röntgenstrahlung neben dem Einfallswinkel eine Funktion der Intensität ist. Daher wird durch die hohe Strahlenintensität die Eindringtiefe wesentlich gesteigert bzw. ist eine Durchstrahlung realisierbar. Rotiert bei den Transmissionsverfahren die Pulverprobe, z. B. in einem Kapillarprobenträger, so kann durch das hohe durchstrahlte Probenvolumen ebenfalls die Partikelgrößenstatistik deutlich verbessert werden. Die Reflexüberlagerungen nehmen durch die hohe Reflexauflösung ab und die einzelnen Modifikationen können besser unterschieden werden [54]. Zusätzlich können mit der Verwendung von Synchrotronstrahlung verschiedenste Untersuchungsmethoden innerhalb einer Versuchsdurchführung miteinander kombiniert werden und damit zu einem Informationsgewinn führen. Die simultane Verwendung der verschiedenen Methoden garantiert die Beobachtung der Probe unter gleichen Versuchsbedingungen, die bei einer zeitlichen Aneinanderreihung verschiedener Methoden nur unter großen Aufwand umzusetzen ist.

Mit Hilfe der spektroskopischen Verfahren und der Nutzung anderer Strahlenquellen können sowohl röntgenamorphe als auch kristalline Phasen gleichermaßen untersucht werden. Die einzelnen Methoden unterscheiden sich durch verschiedene Varianten Zustände anzuregen und zu interpretieren. Insgesamt decken sie eine Betrachtung der Phasen vom Mikro bis in den Nanometerbe-

2.2 Analytische Verfahren

reich ab und schaffen damit die Möglichkeit, die Phasen auf unterschiedlichen Skalen zu charakterisieren.

Die Spektroskopie mittels Infrarotstrahlung (IR) gewinnt über die Absorption von charakteristischen Wellenlängenbereichen (Bandbreiten) Informationen über vorherrschende atomare Bindungsverhältnisse und die an der Bindung beteiligten Atome. Die Verwendung der Infrarot– (IR) und Raman–Spektroskopie ist unabhängig von der Kristallinität des Probenmaterials, sodass auch Untersuchungen an amorphen Phasen durchführbar sind. Die Auflösung der IR–Spektroskopie reicht bis in den μm–Bereich und geht über die Betrachtung der Klinkerphasen zu sehr feinkörnigen Komponenten wie Flugasche hinaus [72, 73]. Die IR–Spektroskopie hat sich in den letzten drei Jahrzehnten der Zementforschung in grundlegenden Forschungsbereichen wie der Phasenidentifizierung oder auch Charakterisierung der Zementhydratation etabliert [74, 72]. Hydratationsprozesse können in–situ untersucht werden [75]. Des Weiteren ist bei der Untersuchung von Schädigungen durch einen Sulfatangriff oder der Karbonatisierung eine Identifizierung bzw. Differenzierung zwischen den Modifikationen sekundärer Phasen ermöglicht. Bspw. sind anhand der CO_3^{2-}–Bande die Kalziumkarbonatphasen Kalzit, Aragonit und Vaterit voneinander zu unterscheiden [76].

Die Neutronenbeugung ermöglicht durch die Hydratation von Zement mit D_2O die direkte Identifizierung von D–Positionen. Sie sind äquivalent zu H–Positionen, die ansonsten über die O–Positionen der H_2O–Moleküle und Restelektronendichten innerhalb der Kristallstruktur abgeleitet werden müssten. Mit der Kenntnis über die Position und Orientierung der Wassermoleküle lassen sich die Hydrate identifizieren und die Hydratationsprozesse wesentlicher beschreiben. Beispielsweise haben die Wasserpositionen einen Einfluss auf die Stabilisierung des Ettringits [77]. Jedoch reagiert das D_2O langsamer mit dem Zement als das H_2O [78]. Zusätzlich ermöglicht die Neutronenbeugung grundlegende Informationen über erste Hydratationsprodukte wie die Kalziumsilikathydratphasen oder Portlandit und die Beeinflussung der Zementhydratation durch organische Additive [79, 80].

Durch die Nuklear–Magnet–Resonanz–Spektroskopie (NMR) ist es möglich, sowohl amorphe als auch kristalline Phasen zu detektieren. In den letzten Jahrzehnten hat sich eine Vielzahl von unterschiedlichen NMR–Techniken durchgesetzt, wobei jede auf spezielle Aufgabengebiete zugeschnitten ist. Zusammenfassend sind über die Wahrnehmung des Kernspins Aussagen z. B. über die Porosität und Porengrößenverteilung, Rissausbildungen und Diffusionsprozesse oder auch die Unterscheidung von Si^{4+} und Al^{3+} Kationen möglich [81]. Letztere besitzen beide dieselbe Anzahl von Elektronen bzw. Streuern und sind daher mit der XRD nur schwer voneinander zu unterscheiden. Nur bei geringen Beugungswinkeln besitzen sie voneinander abweichende Streufaktoren (s. Kap. 3.2) und erschwert die Bestimmung von Al^{3+}–Anteilen in Silikaten mit der XRD. Jedoch kann die Substitution von Si^{4+} durch Al^{3+} große Auswirkungen auf die Kristallstruktur mit sich bringen. Sie äußern sich beispielsweise durch Veränderung der räumlichen Koordination einzelner Tetraeder zueinander oder haben sogar Einfluss auf die Gitterkonstanten. Außerdem hat der Einbau von Al^{3+} einen Einfluss auf das Kationen- und Anionenaustauschverhalten, auf Löslichkeiten etc. und trägt damit maßgeblich zu der Eigenschaftsentwicklung des Zementes bei [16].

3 Material und Methoden

Im Abschnitt *Material* liegt neben der Beschreibung des verwendeten Materials der Schwerpunkt auf der Probenpräparation. Der Abschnitt *Methoden* gibt einen Überblick und Vergleich beider verwendeten Untersuchungsmethoden und beschreibt anschließend den theoretischen Hintergrund die verwendeten experimentellen Aufbauten. Bei der Röntgendiffraktometrie wird der Begriff *gebeugte Intensität* und die beitragenden Faktoren detaillierter erläutert, um aus der Vielfalt des theoretischen Hintergrundes der Röntgenbeugung den entscheidenden Aspekt herauszugreifen. Die Methoden der Röntgenspektroskopie diente dazu, die Ergebnisse der Methoden der Röntgenbeugung zu verifizieren. Daher wird allgemein auf den theoretischen Hintergrund eingegangen.

3.1 Material

Für die zeitaufgelösten Untersuchungen unter der Verwendung einer Cu–Anode als Röntgenstrahlenquelle ($\lambda_{Cu_{K\alpha}}$=1.54056 Å) wurde die Hydratation durch ein Vermischen von reinem C_3S bzw. reinem C_3A mit destilliertem Wasser initialisiert. Der w/z–Wert betrug bei den angesetzten C_3S–Suspensionen 0.50. Durch das relativ frühe Anstarren der Suspension aus reinem C_3A und Wasser musste der w/z–Wert auf 0.60 erhöht werden, um eine ausreichende Durchmischung beider Komponenten zu gewährleisten. Der Hydratationsprozess wurde anschließend durch das Zumischen von Ethanol und einer anschließenden Trocknung nach zwei h, vier h, sieben h, einen d, vier d, elf d und 28 d unterbrochen, im direkten Anschluss präpariert und untersucht. Um eine möglichst gleichmäßige Kristallitgrößenverteilung und ausreichend geringe Kristallitgrößen von >10 μm erzeugen, fand der Trocknungsvorgang bei gleichzeitigem Mörsern in einem

3 Material und Methoden

Achatmörser statt [82]. Auf Grund der nadligen und plättchenförmigen Kristallmorphologie der Hydratationsprodukte waren Textureffekte zu erwarten. Daher wurden die Proben nach der back–loading–Methode, einem Verdichten des Probenmaterials im Probenträger von der Unterseite aus, präpariert. Um dem Einwirken des CO_2 aus der Umgebungsluft und damit der Karbonatisierung des Probenmaterials entgegenzuwirken, wurden die Suspensionen während des Hydratationsprozesses in einer N_2–gespülten Handschuhbox gelagert. Zusätzlich waren offene Wasserbehälter in der Handschuhbox platziert, um eine Austrocknung durch die geringe Luftfeuchtigkeit der N_2–Atmosphäre zu reduzieren. Bei den Untersuchungen unter der Verwendung von Synchrotronstrahlung fand zum einen ein Vermischen von destilliertem Wasser und Portlandzement direkt vor dem Experiment statt. Die Zusammensetzung des verwendeten Portlandzementes befindet sich in Tabelle 3.1.

Tabelle 3.1: *Zusammensetzung (>0,2 Gew%) des verwendeten Portlandzementes*

SiO_2	Al_2O_3	Fe_2O_3	CaO	MgO	Na_2O	K_2O	Na_2O (Äqui)	SO_3	Cl-
21.07	4.47	2.33	64.34	2.19	0.29	0.97	0.93	3.53	0.08

Der w/z–Wert betrug 0.60. Ab dem Zeitpunkt des ersten Kontaktes zwischen Wasser und Zement bis zum Beginn des Experimentes verging ein Zeitraum von ca. zwei min. Zum anderen wurde die Hydratation während des Experimentes initialisiert und alle 500 ms ein Diffraktogramm aufgezeichnet [83, 84]. Vor dem Experiment wurde Portlandzement mit einem Anpressdruck von 1 kbar über einen Zeitraum von 15 s gepresst. Der Anpressdruck war möglichst gering gewählt, um eventuelle Einschränkungen durch die Packungsdichte der Zementpartikeln im Pressling auf die Diffusionsprozesse während der Hydratation zu vermeiden. Der Pressling konnte anschließend in den Probenträger eingesetzt und die Hydratation durch die Zugabe von destilliertem Wasser mit einer Piezospritze initialisiert werden. Die Präzision der Piezospritze bezüglich des zugespritztem Wasservolumens ließ eine Einstellung des w/z–Wertes auf 0.50 zu.

Die Initialisierung der Hydratation während des Experimentes ermöglicht die Untersuchung des Frühstadiums der Zementhydratation. Besonders die Kristallisation erster Hydratationsprodukte, beispielsweise der Reaktion des C_3A mit dem Sulfation aus der Probenlösung zu Ettringit, stand im Vordergund der Untersuchungen (s. Kap. 2.1). Um das Anfangstadium der Ettringitbildung aktiv zu beeinflussen und die Wirkungsweise von handelüblichen Zusatzmitteln zu untersuchen, wurde das Fließmittel Polycarboxylat–Ether (PCE) in das System mit eingebracht. Das PCE st ein häufig verwendetes Fließmittel des Herstellers BASF, Gloethe, Deutschland. Es ist besonders in den ersten Minuten der Hydratation aktiv und wurde bei den Untersuchungen des Frühstadiums der Zementhydratation eingesetzt, um die Kristallisation eines der ersten Hydratationsprodukte aktiv zu beeinflussen [85, 86]. Die eigentliche Wirkungsweise dieses Dispergierungsmittels wird in der Literatur kontrovers diskutiert. Die Funktionsweise des PCEs wird häufig auf Oberflächenladungs– und Adsorptionseffekte während der Hydration zurückgeführt. Die Polymerstruktur des PCE besitzt eine Hauptkette mit ungesättigten Restladungen. Diese Restladungen werden von Seitenketten kompensiert, jedoch nicht vollständig. Die verbleibende Ladungsdichte ist eine Funktion der Anzahl und Länge der ladungskomponsierenden Seitenketten. ζ–Potentialmessungen zeigen, dass die PCE–Hauptkette primär an den positiv geladenen C_3A–Oberflächen adsorbiert, und nicht an den negativ geladenen Oberflächen der Silikatphasen. Die Seitenketten des Polymers zeigen in Richtung der Porenlösung und weg von der Partikeloberfläche [87]. Dieses schränkt die Wechselwirkung zwischen der Porenlösung und dem C_3A stark ein und die Suspension wird durch sterische Repulsion (s. Abb. 3.1) zwischen den Partikel stabilisiert [88, 89]. Es wurden drei verschiedene PCEs mit einer geringen (PCE 1, GLENIUM SKY 591 (FM), BASF, Gloethe, BRD), einer mittleren (PCE 2, GLENIUM SKY 593, BASF, Gloethe, BRD), oder einer hohen Ladungsdichte (PCE 3, GLENIUM SKY 595, BASF, Gloethe, BRD) in dem Anmachwasser gelöst und die Lösung homogenisiert. Anschließend erfolgte die Zugabe der Lösung bis ein w/z–Wert von 0.50 erreicht war.

3 Material und Methoden

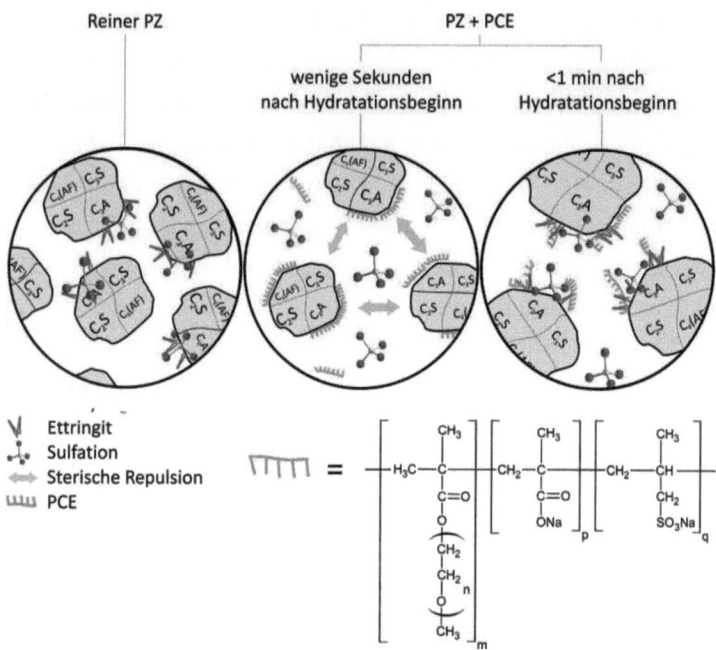

Abbildung 3.1: *Schematische Darstellung des Frühstadiums der Hydratation von reinem Portlandzement und Portlandzement, versetzt mit dem Fließmittel (oben) PCE (unten).*

Grundlegend für die Untersuchung der Änderung des Phasenbestandes durch die Wechselwirkung des Probenmatrials mit aggressiven Lösungen (s. Kap. 2.1) war die Simulation der Schädigungsmechanismen. Dafür wurden verschiedene Prüfkörper mit einer Kantenlänge von 4 × 4 × 16 mm hergestellt. Sie bestehen aus reinem Portlandzement oder Portlandzement mit 30 Gew% des Zusatzstoffes Kalksteinmehl (LL), Flugasche (FA) oder Hüttensand (HS). Eine Übersicht befindet sich in Tabelle 3.2. Die Aushärtung über 28 d geschah in einer Klimakammer bei 20°C und 35% relativer Luftfeuchtigkeit. Für den Angriff durch die aggressiven Lösungen lagerten die Prüfkörper nach der Aushärtung über drei, sechs, zwölf bzw. 15 Monate in einer Sulfat– bzw. Chloridlösung (s. Tabelle 3.3). Um eine intensive Schädigung der Prüfkörper zu erreichen, wurden Lösungen mit relativ hohen Na_2SO_4– bzw. NaCl–Konzentrationen verwendet. Die Lösungskonzentrationen betrugen 30 g/l SO_4^{2-} bzw. 33 g/l Cl^- bei einem Lösungs/Feststoff–Verhältnis von 4:1. Nach der Auslagerungszeit erfolgte die Herstellung von Dickschliffen, die sowohl für die Untersuchungen in θ–θ–Geometrie (XRD) als auch in Transmissionsgeometrie verwendet wurden

(SyXRD). Für die Untersuchungen in Transmissionsgeometrie war eine relativ geringe Schliffdicke von 200 µm notwendig. Dafür wurden die Prüfkörper nach der Auslagerungszeit senkrecht zum längsten Durchmesser in ca. zwei mm mächtige Scheiben gesägt und anschließend auf einer Unterlage aus Acryl mit Epoxidharz fixiert. Das Einstellen der Schichtdicke von 200 µm erfolgte in zwei Präparationsschritten. Erst wurde die Schichtdicke mit einer Topfschleifmaschine und Petroleum als Kühlmittel auf ca. 500 µm reduziert und anschließend mit einer Flächenschleifmaschine auf 200 µm poliert. Die Flächenschleifmaschine arbeitete unter der Verwendung einer Suspension, bestehend aus Al_2O_3 mit einer mittleren Korngröße von 30 µm als Schleifmittel und Petroleum als Trägerfluid. Für die ortsaufgelösten Untersuchungen der Elementverteilung wurden dieselben Prüfkörper verwendet, die den Untersuchungen mit SyXRD dienten. Jedoch unterscheidet sich die Probenpräparation bezüglich der Mächtigkeit der Probenkörper. Die Präparationsschritte sind identisch, jedoch steht nicht die Reduzierung der Schichtdicke, sondern die Verringerung der Oberflächenrauhigkeit im Vordergrund. Die Prüfkörper wurden senkrecht zum längsten Durchmesser in ca. 5 mm mächtige Scheiben gesägt und anschließend wurde der Poliervorgang mit abnehmenden Korngrößen des Schleifmittels wiederholt, um die Oberflächenrauhigkeit für die Untersuchungen am REM–EDX weitestgehend zu reduzieren.

Tabelle 3.2: *Überblick über die Zusammensetzung der Probenkörper*

Zement	Zement [g]	Wasser [g]	Zusatzstoff [g]	w/z
CEM I 42.5	700.0	420.0	0.0	0.6000
CEM I 42.5 + 30 Gew% LL	490.0	420.0	210.0	0.6000
CEM I 42.5 + 30 Gew% FS	490.0	420.0	210.0	0.6000
CEM I 42.5 + 30 Gew% HS	490.0	420.0	210.0	0.6000

Tabelle 3.3: *Überblick über die Auslagerungszeiten des jeweiligen Probenmaterials*

	Sulfatlösung		Chloridlösung	
CEM I 42.5	3 Monate	6 Monate	6 Monate	15 Monate
CEM I 42.5 + 30 Gew% LL	3 Monate	6 Monate	6 Monate	15 Monate
CEM I 42.5 + 30 Gew% FS	3 Monate	6 Monate	6 Monate	15 Monate
CEM I 42.5 + 30 Gew% HS	3 Monate	6 Monate	6 Monate	15 Monate

3.2 Methoden

Zwei Methoden wurden gewählt, die entweder Röntgenstrahlung als Strahlenquelle verwenden oder die Entstehung von Röntgenstrahlung durch das Einwirken eines Elektronenstrahls auf ein Probenmaterial nutzen: die Röntgenbeugung bzw. –spektroskopie. Der Vorteil liegt darin, dass neben den kristallinen Hydratationsprodukten und sekundären Phasen ebenfalls teilkristalline und röntgenamorphe Phasen untersucht werden können. Einer der Unterschiede zwischen der Röntgendiffraktometrie und –spektroskopie liegt in der Detektion. Bei der Röntgendiffraktometrie wird in der Regel monochromatische Strahlung verwendet und der Ausfallswinkel der gebeugten Strahlung aufgezeichnet. Bei der Röntgenspektroskopie werden nach der Wechselwirkung der Anregungsstrahlung mit dem Probenmaterial die resultierenden Wellenlängen detektiert. XRD gibt Informationen über die Struktureigenschaften, die Röntgenspektroskopie über die Energiezustände der Elektronen der angeregten Atome.

3.2.1 Röntgendiffraktometrie

Die elastische Wechselwirkung von Röntgenstrahlung mit der periodischen Anordnung von Elektronendichten in Kristallen wird Röntgenbeugung genannt. Trifft ein Photon auf ein Elektron innerhalb des Probenmaterials, versetzt es dieses in Schwingung. Dabei emittiert es durch das permanente Beschleunigen und Abbremsen wiederum Strahlung. Anschließend überlagern sich die emittierten Wellen aller angeregten Elektronen, und es kommt zu konstruktiven und destruktiven Interferenzen. Die Intensitäten der aus den Interferenzen resultierenden Wellen werden anschließend von einem Detektor erfasst. Diesbezügliche Messungen finden in Röntgendiffraktometern oder an Strahlrohren von Synchrotrons statt. Sie sind insgesamt nach einem ähnlichen Prinzip aufgebaut und durch drei wesentliche Hauptkomponenten zu beschreiben: Erzeugung der Röntgenstrahlung, Konditionierung der einfallenden (Primärstrahl) und gebeugten Strahlung (Sekundärstrahl) und die Detektion der gebeugten Strahlung. Nach der Detektion der gebeugten Strahlung wird in Diffraktogrammen die Intensität innerhalb einer vorgegebenen Messzeit für einen ausgewählten Beugungswinkelbereich aufgezeichnet. Als Folge der konstruktiven und destruktiven Interferenzen der am Kristallgerüst gebeugten Wellen entstehen, abhängig vom

Einfallswinkel θ und dem Abstand der Netzebenen im Kristallgerüst, winkelabhängige und phasenspezifische Intensitätsmaxima (Reflexe). Die Reflexe sind zu beobachten, wenn ein ganzzähliges Vielfaches n der Wellenlänge λ dem Produkt aus dem doppelten Netzebenenabstand d und dem Sinus des Einfallwinkels θ entspricht.

$$n\lambda = 2d \cdot \sin\theta \tag{3.1}$$

Diese Gesetzmäßigkeit wurde ursprünglich von W. L. Bragg und seinem Vater W. H. Bragg geometrisch hergeleitet und später durch den Einfluss des Bravais–Typus der Kristallstruktur und der daraus einhergehenden systematischen Auslöschung ergänzt. Nach der Erklärung der Geometrie des einfallenden und gebeugten Röntgenstrahls und den Interferenzeffekten erfolgte die Berücksichtigung von weiteren physikalischen Größen und instrumentellen Beiträgen.

Im Folgenden werden die einzelnen Parameter, die zu der integrierten Intensität I_{pr} einer kristallinen Phase p des r–ten Reflexes beitragen, systematisch betrachtet.

$$I_{pr}(p_I) = S_p \cdot (Lp \cdot D) \cdot \left[P_{pr} \cdot m_{pr} \cdot |F_{pr}|^2\right] \tag{3.2}$$

S_p beschreibt den Skalierungsfaktor der r–ten kristallinen Phase und gibt dementsprechend den Anteil einer Phase in einem Multiphasensystem an. Liegt eine einzelne reine kristalline Phase vor ist $S_p = 1$. Die beiden Variabeln in der runden Klammer beschreiben Korrekturen, die bei der Berechnung der integrierten Intensität berücksichtigt werden müssen. Lp ist ein Korrekturfaktor für die Lorentzpolarisation und bezieht sich auf die winkelabhängige Zeit einer Netzwebene in Beugungsposition und der Polarisation einer elektromagnetischen Welle während der Beugung.

$$Lp = \frac{1 + \cos^2 2\theta_m \cdot \cos^2 2\theta}{\sin 2\theta \cdot \sin\theta \left(1 + \cos^2 2\theta_m\right)} \tag{3.3}$$

Die Divergenzschlitzkorrektur D berücksichtigt die Strahllänge auf der Probe in Strahlrichtung in Abhängigkeit von der Probenträgergeometrie, dem Beugungswinkel und der Spaltöffnung der Divergenzschlitzblende. Bei niedrigen Beugungswinkeln nimmt die Strahllänge zu, so dass gleichzeitig neben der Probe auch der Probenträger mit der Röntgenstrahlung wechselwirkt und zusätzliche Untergrundeffekte in den aufgezeichneten Diffraktogrammen zu beobachten

3 Material und Methoden

sind. Dieses ist besonders bei kristallinen Phasen von Bedeutung, die bei niedrigen Beugungswinkeln Reflexe aufweisen, und muss dementsprechend bei der Berechnung der integrierten Intensität mit berücksichtigt werden [90, 91]. Diese ist im Einzelnen abhängig von der Dimension und Geometrie des Probenträgers und wird daher im Detail nicht weiter besprochen. Einige Kristalle besitzen eine ausgeprägt nadelige oder plättchenförmige Kristallmorphologie. Dieses führt zu einer Texturierung, einer bevorzugten Orientierung des pulverförmigen Probenmaterials im Probenträger parallel zu der Probenoberfläche. Dadurch befinden sich die Netzebenen parallel zur Längsausdehnung der Kristalle vermehrt im Strahlengang, und die entsprechenden Reflexe sind verstärkt im Diffraktogramm zu beobachten. Dieser Textureffekt kann durch einen Texturfaktor P für die p–te Phase des r–ten Reflexes in die Berechnung der Reflexintensität eingebracht werden. In der Literatur existieren verschiedene Ansätze, diesen Korrekturfaktor zu gestalten und die Komplexität der unterschiedlichen Kristallmorphologien bestmöglich zu beschreiben. Im Folgenden ist ein Beispiel ausgewählt, das für eine zur Probenoberfläche bevorzugt ausgerichtete Netzebene (hkl) gilt. α entspricht dabei dem Winkel zwischen der Richtung der bevorzugten Orientierung und relativ zu einem Gitterpunkt.

$$P_{pr(PO_p)} = \left(PO_p^2 \cdot \cos^2 \alpha + \frac{\sin^2 \alpha}{PO_p} \right) \qquad (3.4)$$

Um die Berechnung der integrierten Intensität zu vereinfachen, wurden die Intensitäten symmetrieäquivalenter Netzebenen *(hkl)* in dem Flächenhäufigkeitsfaktor m der Phase p des Reflexes r berücksichtigt. m entspricht der Anzahl der Permutationen, die eine Netzebene aufweist, und geht direkt in die Berechnung der integrierten Intensität mit ein. Beispielsweise sind in einer kubischen Struktur die Netzebenenabstände von (100), (010), (001), ($\bar{1}$00), (0$\bar{1}$0) und (00$\bar{1}$) identisch und $m_{pr} = 6$. Einer der maßgebenden Parameter der Intensitätsberechnung ist der Strukturfaktor $F_{(hkl)}$. In ihm sind die Anzahl der Atome in der Elementarzelle N_{EZ}, der Atomformfaktor f der unterschiedlichen Atome bzw. Elektronendichte j und die Auslenkung der Atome von ihrer Position in der Elementarzelle durch den Temperaturfaktor T enthalten.

$$F_{hkl} = \sum_{j=1}^{N_{EZ}} f_j \cdot e^{i\phi_j} \cdot T_j \qquad (3.5)$$

Der Atomformfaktor f, in der Literatur häufig auch als Streufaktor bezeichnet, individualisiert die Streuung unterschiedlicher Atome. Er ist ein Verhältnis zwischen den Amplituden der Wellen, die durch ein spezifisches Atom und durch ein spezifisches Elektron gestreut werden. Bei einer Streuung in gerader Richtung ($2\theta = 0°$) entspricht die Amplitude der Ordnungszahl Z und demnach der Amplitude einer gestreuten Welle die von einem Hertz–Dipol eines Elektrons gestreut wird. Dieser Hintergrund begründet die Abnahme des Streufaktors mit zunehmendem Beugungswinkel. Der Streufaktor beinhaltet neben der Abhängigkeit von der Wellenlänge λ und dem Beugungswinkel θ die Cromer und Mann–Parameter a_m, b_m und c_m, die eine Berechnung der abnehmenden Streustärke mit zunehmenden Beugungswinkeln zulassen.

$$f_j = \sum_{m=1}^{4} a_m \cdot e^{-b_m \cdot \frac{\sin^2\theta}{\lambda^2}} + c \qquad (3.6)$$

In $e^{i\phi_j}$ sind die Informationen über die Atomkoordinaten x,y und z und die Indizes der Netzebenen i für jedes Atom j der Elementarzelle enthalten.

$$e^{i\phi_j} = e^{2\pi i(hx_j + ky_j + lz_j)} \qquad (3.7)$$

Jenseits von 0K muss die Auslenkung der Atome von ihrer Position durch thermische Schwingungen mit aufgenommen werden. Der Temperaturfaktor T berücksichtigt diesen Aspekt für jedes Atom j und enthält neben der Abhängigkeit von λ und θ auch den Debye–Waller–Faktor B (in der Literatur häufig als Auslenklungsparameter bezeichnet), der die Amplitude der Hauptauslenkung U beinhaltet (B = $8\pi2U$). Die Auslenkung eines Atoms im Kristall ist abhängig von den Bindungsrichtungen und daher anisotrop. Daher stellt T einen Tensor zweiter Stufe dar.

$$T_j = e^{-B_j \frac{\sin^2\theta_{hkl}}{\lambda^2}} \qquad (3.8)$$

Die Teil– und Mischbesetzungen von Atompositionen sind durch den Besetzungsfaktor *SOF* (engl.: side occupation factor) beschrieben. Er bildet sich aus dem Quotienten aus der Zähligkeit der Atomposition N_{spez} und der Anzahl der Symmetrieoperatoren der Raumgruppe N_{allg} multipliziert mit dem Anteil F_{Fehl}, zu dem die Lage durch das Atom, und mit dem Anteil F_{MK}, zu dem die Lage durch das Atom eines Elementes besetzt ist.

$$SOF = \frac{N_{spez}}{N_{allg}} \cdot F_{Fehl} \cdot F_{MK} \qquad (3.9)$$

Unter Berücksichtigung der Raumgruppensymmetrie bzw. der asymmetrischen Einheit N_{asym} (Gruppe von Atome, aus denen sämtliche Atome der EZ durch Anwendung aller Symmetrieoperatoren der Raumgruppe erzeugt werden) trägt der SOF zu der Berechnung des Struktufaktors F_{hkl} bei und muss dementsprechend mit aufgenommen werden.

$$F_{hkl} = \sum_{n=1}^{N_{asym}} SOF \cdot \sum_{j=1}^{N_{EZ}} f_j \cdot e^{i\phi_j} \cdot T_j \qquad (3.10)$$

Unter Verwendung einer Synchrotronstrahlenquelle liegt in der Regel eine höhere Strahlenintensität vor, weshalb Röntgenbeugungsexperimente bevorzugt in Transmissionsgeometrie durchgeführt werden. Für die Berechnung der integrierten Intensität muss ein weiterer Korrekturfaktor mit hinzugezogen werden: der Transmissionskorrekturfaktor Tk. Er berücksichtigt den Radius der zylindrischen– (s. Gl. 3.11) oder Schichtdicke einer flachen Probe R bzw. d (s. Gl. 3.12), den Einfallswinkel θ, den linearen Absorbtionskoeffizienten μ und die empirisch bestimmten Konstanten $a_1 = 1.7133$, $a_2 = 0.0368$, $a_3 = 0.0927$ und $a_4 = 0.375$. Da in dieser Messgeometrie keine Überstrahlung der Probe vorliegt (s. Gl. 3.2), wird der Divergenzschlitzfaktor nicht weiter berücksichtig.

$$Tk = \exp\left[-\left(a_1 - a_2 \cdot \sin^2\theta\right) \cdot (R \cdot \mu) + \left(a_3 + a_4 \cdot \sin^2\theta\right) \cdot (R \cdot \mu)^2\right] \qquad (3.11)$$

$$Tk = \frac{d}{\cos\theta} \cdot e^{-\frac{\mu \cdot d}{\cos\theta}} \qquad (3.12)$$

Somit ergibt sich für die Berechnung der integrierten Intensität I_{pr} (s. Gl. 3.2) bei der Untersuchung einer kristallinen Phase p des r–ten Reflexes in Transmissionsgeometrie und Verwendung einer Synchrotronstrahlenquelle:

$$I_{pr} = S_p \cdot (Lp \cdot Tk) \cdot \left[P_{pr} \cdot m_{pr} \cdot |F_{pr}|^2\right] \qquad (3.13)$$

Für die röntgenographischen Untersuchungen mit einer Cu–Anode als Röntgenstrahlenquelle wurden zwei unterschiedliche Röntgediffraktometer verwendet. Das Pulverdiffraktometer D5000 des Herstellers BRUKER (Karlsruhe, BRD) diente der Untersuchung der Zementhydratation und wurde in der parafokussierenden θ–θ–Geometrie betrieben. Die Vorfokussierung des Primärstrahles erfolgte durch eine 1 mm Divergenzschlitzblende und einen daraus resultierenden Öffnungswinkel von 0,5° sowie einer Sollerblende mit einem Öffnungswinkel von 2,3°. Die sekundäre Strahlfokussierung bestand aus einer weiteren Sollerblende mit dem gleichen Öffnungswinkel. Um höhere Intensitäten am Si–Multikanal–Halbleiterdetektor zu erzielen, wurde auf die Verwendung eines Sekundärmonochromators verzichtet. Während der Beugungsexperimente rotierte die Probe. Das Pulverdiffraktometer Ultima IV vom Hersteller Rigaku Corporation (Auburn Hills, USA) diente den Untersuchungen der Schädigungsmechanismen und wurde ebenfalls in θ–θ–Geometrie betrieben. Die Vorfokussierung des Primärstrahls geschah durch eine 1 mm Divergenzschlitzblende und eine 0,5 mm Maske. Ein Ge–Multilayerspiegel wurde als Monochromator verwendet. Der Spiegel parallelisiert den Röntgenstrahl und reduziert die Restdivergenz auf 0,05°. Vor dem Auftreffen auf die Probenoberfläche wurde der Strahldurchmesser durch eine eine Mikrokapillaroptik auf 400 μm reduziert. Die gebeugte Strahlung wurde mit einem Si–Multikanal–Halbleiterdetektor aufgenommen. Die röntgenographischen Untersuchungen mittels Synchrotronstrahlung wurden an unterschiedlichen Beamlines durchgeführt, da entweder eine hohe Zeit– oder eine hohe Ortsauflösung im Vordergrund der Untersuchgen stand. Die zeitaufgelösten Untersuchungen fanden an der Beamline ID11 des Elekronspeicherringes ESRF (European Synchrotron Research Facility), Grenoble, Frankreich statt. Das Monochromatorsystem ermöglichte das Einstellen der Wellenlänge auf $\lambda = 0.3444$ Å und eine Vorfokussierung des Röntgenstrahls auf einen Strahldurchmesser von 100 μm. Durch die hohe Zeitauflösung des Frelon2K CCD–Detektor konnte die Zementhydratation mit einer Zeitauflösung im Millisekundenbereich ($\Delta t = 500$ ms) untersucht werden. Bei den zeitaufgelösten Untersuchungen wurden zusätzlich die Vorteile eines akustischen Levitators als Probenträger mit eingebracht, der eine kontaktfreie Untersuchung des hydratisierenden Zementes ermöglicht. Es ist vorteilhaft, das Probenmaterial ohne Wechselwirkung mit einem Probenträger zu untersuchen, da sonst die Wechselwirkung die eigentlichen Materialeigenschaften zu stark überlagern könnte. Die stehende Welle resultiert infolge eines Ultraschalls mit einer Frequenz von 58 KHz und einer Lautstärke von 160 dB, der von einem Schallgeber abgegeben und von einem Reflektor zurückgeworfen wird. Beträgt der Abstand zwischen dem Schallgeber und dem Reflektor ein ganzzähliges Vielfaches der halben Wellenlänge, entsteht eine stehende Welle. In die Knotenpunkte der stehenden Wellen können Fluide und Festkörper eingebracht und somit levitiert in den Strahlengang der Beamline gebracht werden (s. Abb. 3.2). In den Untersuchungen war es nötig, eine Austrocknung des Probenmatrials zu vermeiden. Um eine damit einhergehende Veränderung des w/z–Wertes zu umgehen, wurde eine wandfreie Klimakammer entwickelt (s. Abb. 3.3). Die Nutzung der Klimakammer ermöglicht die Erzeugung eines schlauchförigen, wassergesättigten Gasstroms, der das levitierte Probenmaterial umgibt und die Austrocknung des Probenmaterials stark reduziert. Ebenfalls wird durch den schlauchförmigen Gasstrom das Probenmaterial ohne zusätzliches Isoliermaterial (Kapton–, Mylarfolie, Wandmaterial) von der Umgebung abgetrennt und somit bei Langzeituntersuchungen ebenfalls vor der Karbonatisierung geschützt. Die aufgezeichneten gebeugten Intensitäten sind nicht durch Intensitäten aus der Wechselwirkung des Röntgenstrahls mit einem Isolierungsmaterial überlagert [71]. Die ortsaufgelösten Untersuchungen wurden an der μSpot–Beamline des Elektronspeicherringes BESSY II (HZB, Helmholtzzentrum Berlin) durchgeführt [92]. Die Strahlfokussierung ermöglicht das Einstellen eines Strahldurchmesser zwischen zehn und 200 μm bei einer Restdivergenz <1 mrad. Der Photonenfluss beträgt 1×10^9 s^{-1} bei einem Ringstrom von 250 mA. Nach der Detektion der gebeugten Intensitäten wurden die Daten in einer Aufsicht dargestellt, um einen bestmöglichen Überblick über die Änderung der Reflexintensitäten und –positionen zu erhalten. Dementsprechend stellt jeder Querschnitt durch die Ergebnisbilder der ortsaufgelösten Untersuchungen ein einzelnes aufgezeichnetes Diffraktogramm dar (s. Abb. 3.5). Ein Si (111)–Monochromator ermöglichte die Einstellung der Wellenlänge auf 1.0656 Å. Die gebeugten Intensitäten wurden mit einem 2D–Detektor mit 3072 × 3072 Pixeln des Hersteller Mar ca. 20 cm hinter der Probe aufgezeichnet.

3.2 Methoden

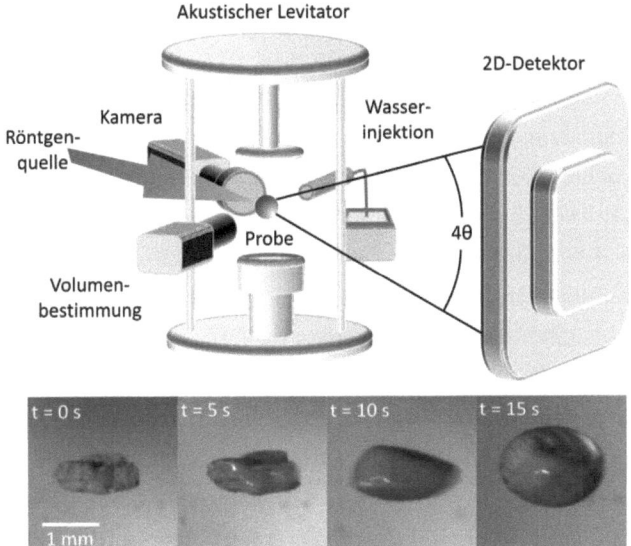

Abbildung 3.2: *Schematische Darstellung des verwendeten experimentellen Aufbaus für die zeitaufgelösten Untersuchungen der Zementhydratation (oben) und Abbildungen einer Probe während der Wasserzufuhr im levitierten Zustand (unten).*

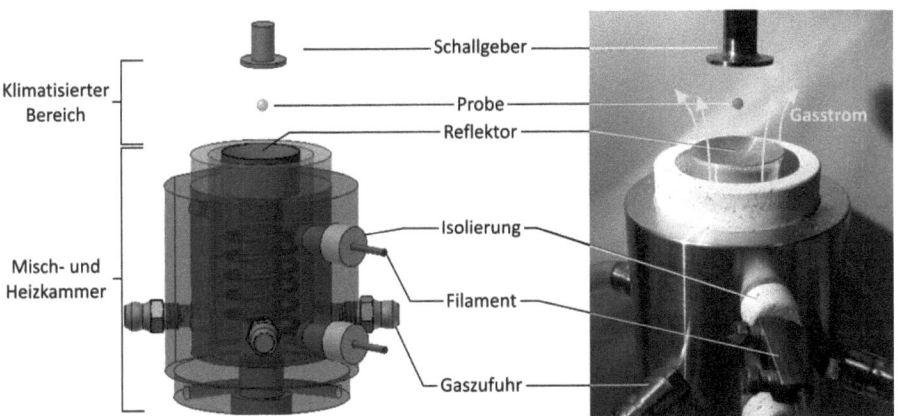

Abbildung 3.3: *Schematische Darstellung (links) und Fotografie (rechts) der wandfreien Klimakammer.*

45

3 Material und Methoden

Der Fokus der zeitaufgelösten Untersuchungen des Frühstadiums der Zementhydratation lag auf den ersten Hydratationsprodukten und somit auf dem (100)–Ettringitreflex. Da sich die Halbwertsbreiten während der Hydratation nicht signifikant ändern, kann in erster Näherung die Reflexhöhe als Reflexintensität betrachtet werden. Die Beobachtung der Reflexe in einer Sietnansicht gibt einen Eindruck, inwieweit die Ettringitbildung durch die PCE–Adsorption verändert wird [84] und eröffnet einen optimalen Einblick in die Intensitätsänderungen als Funktion der Hydratationszeit (s. Abb. 3.4).

Bei der ortsaufgelösten Untersuchung erfolgte zuerst eine Integrierung der gebeugten Intensitäten mit der Software Fit2D [93]. Anschließend wurden die gebeugten Intensitäten über dem Beugungswinkel, normiert auf der Wellenlänge von $Cu_{K\alpha}$–Strahlung, dargestellt. Dieses ermöglicht einen direkten Vergleich zu Literatureinträgen, da Cu das am häufigsten verwendete Anodenmaterial von handelsüblichen Röntgendiffraktometern ist. Die Software für die Phasenidentifizierung ließ lediglich eine begrenzte Anzahl an Dateiformaten zu, die dem Format der Dateien aus der Intensitätsintegration nicht entspricht. Daher folgte eine Normierung der Rohdaten auf einheitliche Messschritte mit der Software OriginPro8 (OriginLab Corporation, Northampton, USA) und eine Konvertierung des Dateiformates in ein für den nachfolgenden Prozessierungsschritt verwendbares Format mit der Software XCH 5.0.12 (Bruker–AXS, Socabim, 1995–2005). Die Untergrundkorrektur und erste Phasenidentifizierung war anschließend mit dem Computerprogramm DIFFRAC Plus Eva (Bruker, Karlsruhe, BRD) möglich. Es folgte eine weitere Konvertierung des Dateiformates in ein für den nachfolgenden Prozessierungsschritt verwendbares Format mit dem Computerprogramm XCH 5.0.12 (Bruker–AXS, Socabim, 1995–2005) und die Erstellung von ascii–Dateien mit den Informationen über Profiltiefe, Beugungswinkel und Intensität (Microsoft Excel 2007). Dieses bildete die Grundlage für die anschließende Darstellung der normierten und korrigierten Diffraktogramme in einer Aufsicht als Funktion der Profiltiefe mit dem Computerprogramm Ocean Data View (AWI, Bremerhaven, BRD). Um die Bearbeitungszeit der Datenprozessierung zu verringern, wurden die einzelnen Schritte durch die Entwicklung von Unterprogramme automatisiert (s. Anhang A). Die Unterprogramme greifen direkt auf die Programme zu, die zuvor für jede einzelne Messung verwendet wurden und in Kapitel 3.2.1 aufgelistet sind.

3.2 Methoden

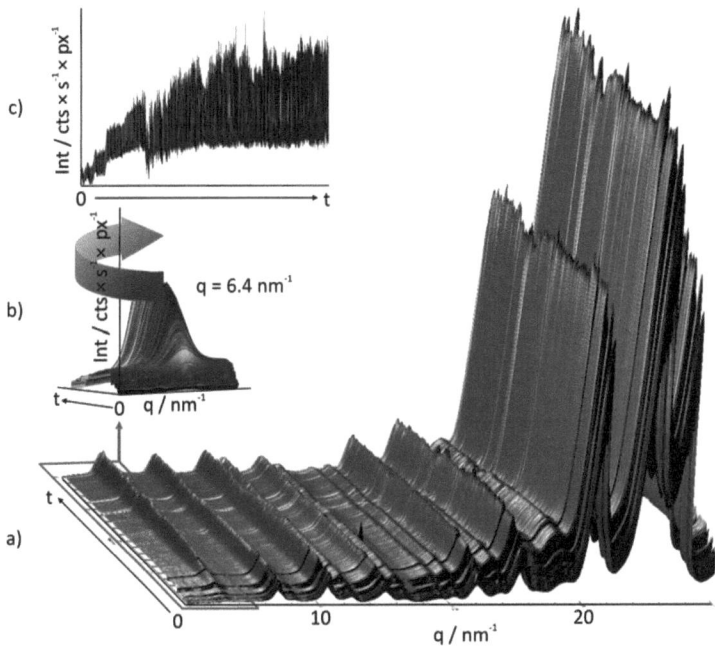

Abbildung 3.4: *Schematische Darstellung der Datengewinnung (a), Projektion (b) und Darstellung der Ergebnisse als Funktion der Hydratationszeit (c).*

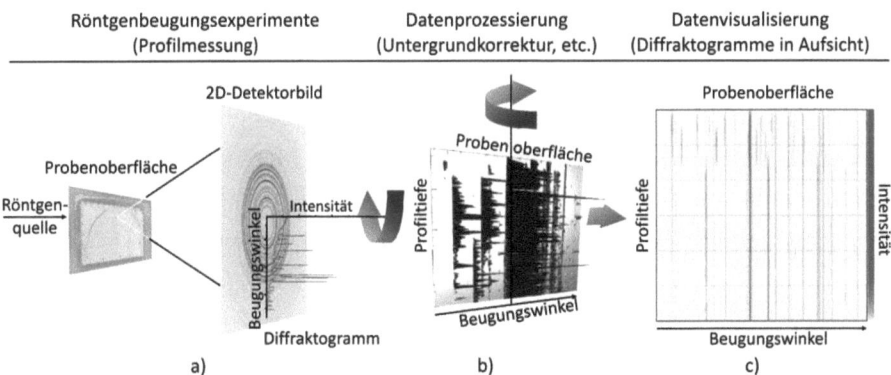

Abbildung 3.5: *Schematische Darstellung der Datengewinnung (a), –verarbeitung (b) und –visualisierung als Funktion der Profiltiefe (c).*

3.2.2 Röntgenspektroskopie

Die Röntgenspektroskopie ist eine zerstörungsfreie Methode, um sowohl qualitative als auch quantitative Informationen über die Elementverteilung des untersuchten Probenmaterials zu ermöglichen. Diese nutzt dafür die Detektion der aus der Wechselwirkung zwischen einer Anregungsstrahlung und Elektronen resultierenden Fluoreszenzstrahlung. Die Röntgenspektroskopie kann ähnlich der Röntgendiffraktometrie in drei Bereiche unterteilt werden: Erzeugung und Fokussierung der Anregungsstrahlung, Wechselwirkung der Anregungsstrahlung mit dem Probenmaterial und die Detektion der entstehenden Fluoreszenzstrahlung.

Trifft die Anregungsstrahlung auf die Atome des Probenmaterials, werden Elektronen aus kernnahen Atomorbitalen aus ihren Orbitalen herausgeschlagen. Elektronen aus energetisch höheren Orbitalen können diese Position einnehmen. Die Energiedifferenz wird als charakteristische Fluoreszenzstrahlung freigegeben und kann anschließend detektiert werden. Die Fluoreszenzstrahlung ist charakteristisch für Elektronenübergänge bestimmter Atomarten, so dass anschließend eine Zuordnung einzelner Atomarten und eine Identifizierung der Elementverteilung in der Probe möglich sind. Ein Detektor misst die Intensitäten, und ein Abgleich mit einer vorherigen Kalibration gibt zu den qualitativen auch quantitative Informationen über das Probenmaterial. Grundlegend gibt es zwei Arten der RFA, die wellenlängen- und die energiedispersiv arbeitenden Apparaturen. Bei der wellängendispersiven Methode wird vor dem Detektor ein Monochromator in den Strahlengang gebracht und die Fluoreszenzstrahlung eines einzelnen Elementes aufgezeichnet. Bei der energiedispersiven Methode wird die Fluoreszenzstrahlung verschiedener Elemente gleichzeitig detektiert. Sie besitzt eine geringere Sensitivität im Vergleich zu der wellenlängendispersiven Methode.

Für die ortsaufgelösten Untersuchungen der Elementverteilung über die gesamte Probenoberfläche mittels μRFA, diente das Eagle III Röntgenfluoreszenzspektrometer des Herstellers EDAX (Wiesbaden, BRD). Die Anregungsspannung und der Röhrenstrom wurden auf 40 kV bzw. 100 bis 120 mA eingestellt. Der Strahldurchmesser betrug 40 μm bei einer Messpunktüberlappung von 20 μm. Zusätzlich wurden mittels REM (JSM–5310LV, Joel, Sollentuna, Schweden)–EDX (Oxford, Stockholm, Schweden) Elementverhältnisse innerhalb einzelner

Bereiche bestimmt, in denen eine Änderung des Phasenbestandes während der Untersuchungen mit der SyXRD identifiziert wurden. Das REM–EDX wurde mit einer Anregungsspannung und einem Röhrenstrom von 15 KV und 33 mA im Rückstrahlelektronenmodus betrieben. In jedem untersuchten Bereich wurden 100 bis 150 Spektren mit einem Strahldurchmesser von zwei μm und einer Messzeit von 30s aufgenommen. Die Messungen fanden in der bereits hydratisierten Zementmatrix statt, um Einflüsse durch teilhydratisierte Zementklinkerphasen und innere C–S–H Phasen zu vermeiden. Nach der Aufzeichnung der Spektren wurden die Intensitäten der einezlnen Elemente auf die Ca–Intensität normiert.

Eine in der Literatur häufig beschriebene und oft verwendete Methode der Datenauswertung ist die Berechnung und Darstellung der Elementverhältnisse S/Ca über Al/Ca bei der Betrachtung des Sulfatangriffes und die Cl/Ca über Al/Ca bei Untersuchungen eines Chloridangriffes [62, 63, 64]. Um einen Überblick über die Untersuchungsergebnisse zu erhalten, wurden für die Betrachtung des Sulfatangriffes die Elementverhältnisse der reinen Endphasen C–S–H (Al/Ca = 0, S/Ca = 0), Monosulfat (Al/Ca = 0.5, S/Ca = 0.25) und der sekundären Phasen Ettringit (Al/Ca = $0.\overline{3}$, S/Ca = 0.5) und Gips (Al/Ca = 0, S/Ca = 1) berechnet. Für die Untersuchungen des Chloridangriffes wurde neben den reinen C–S–H–Phasen zusätzlich die sekundären Phasen Friedelsches Salz (Al/Ca = 0.5, Cl/Ca = 0.5) Kuzelsches Salz (Al/Ca = 0.5, Cl/Ca = 0.25) und Trichloridhydrat (Al/Ca = $0.\overline{3}$, Cl/Ca = 1) dargestellt. Die Datenpunkte der reinen Endphasen und sekundären Phasen wurden mit Linien verbunden, die Felder aufspannen, die repräsentativ für den Anteil der einzelen sekundären Phase sind.

4 Ergebnisse

4.1 Die ersten Sekunden eines Bauwerkes — Zementhydratation

Die Hydratation der Zementklinkerphasen im Portlandzement wurde in Kapitel 2.1 detailliert beschrieben. Basierend auf unterschiedlichen Literaturquellen, ist sie übergreifend in drei Zeitstufen unterteilt. Die Ergebnisse der röntgenographischen Untersuchungen XRD und μXRD zielen auf die Hydratation der Silikate und des Kalziumaluminates ab. Aufgrund der unterschiedlichen Hydratationsgeschwindigkeiten umfassen die Ergebnisse Hydratationsprozesse der ersten und zweiten Zeitstufe. Die einzelnen Zeitabschnitte sind in Abbildung 4.1 hervorgehoben.

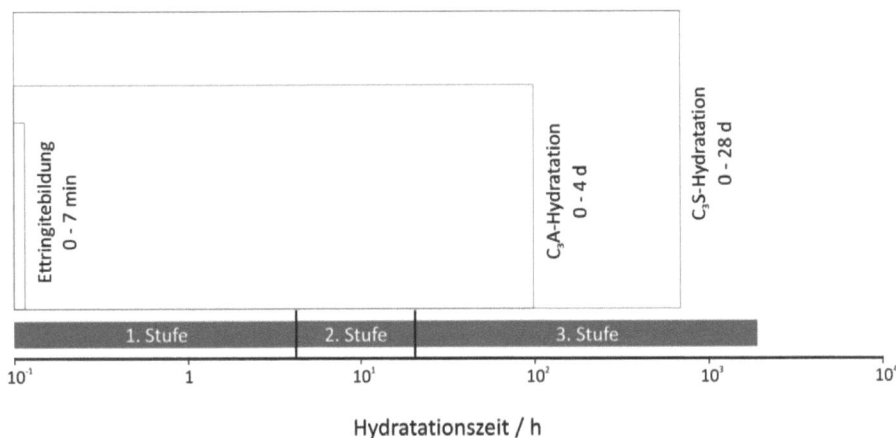

Abbildung 4.1: *Schematische Darstellung des zeitlichen Verlaufes der Zementhydratation. Eingezeichnet sind die untersuchten Hydratationszeiträume.*

4.1.1 Die Hydratationscharakteristik reiner Zementklinkerphasen

Der Schwerpunkt der Untersuchungen lag auf Zementklinkerphasen, die primär während der ersten zwei Zeitstufen der Portlandzementhydratation reagieren: das C_3S und C_3A. Die Reaktionsgeschwindigkeiten der einzelnen Zementklinkerphasen sind sehr unterschiedlich. Erste Hydratationsprodukte sind in den Diffraktogrammen bereits nach Sekunden oder auch erst nach Tagen zu erkennen. Der zeitliche Abstand zwischen den einzelnen Untersuchungen einer Messreihe wurde an die jeweilige Hydratationsgeschwindigkeit angepasst. Die Kenngrößen waren die Veränderung der Reflexintensitäten der Edukte und die Enstehung von Reflexen der Hydratationsprodukte im Diffraktogramm. Aufgrund von Reflexüberlagerungen wurden für die graphische Darstellung nicht die Reflexintensitäten mit den höchsten relativen Intensitäten (s. Tabelle 2.1 in Kapitel 2.1), sondern die Entwicklung zweier Reflexe ohne Überlagerungen dargestellt (s. Abb. 4.2). Die Verhältnisse der relativen Reflexintensitäten einer Phase sind unabhängig von ihrem Anteil im Phasensystem. Daher sind auch Reflexe mit relativ geringen Intensitäten repräsentativ und können für eine Quantifizierung verwendet werden. Das C_3S reagiert mit dem Anmachwasser zum Kalziumhydroxit Portlandit. Erste Ansätze dieser Reaktion, z.B. das Vorhandensein phasenspezifischer Reflexlagen, wie der (001)–Reflex bei 17,9° 2θ, sind nach 7 Stunden in den aufgezeichneten Diffraktogramm zu beobachten. Die Reaktion schreitet voran, wobei das C_3S mit dem Anmachwasser fortwährend reagiert und somit durch die Hydratation verbraucht wird. Nach einem Hydratationszeitraum von 24 Stunden sind die (100)– und (001)–Portlan- ditreflexe mit den höchsten relativen Intensitäten bei 18.01° 2θ bzw. 34.2° 2θ deutlich zu erkennen und die (205)– und (220)–Reflexintensitäten des C_3S bei 34,37° 2θ und 51,78° 2θ um ca. zwei Drittel zurückgegangen. Das Einsetzen der Hydratation des C_3S konnte beobachtet werden. Das C_3A hydratisiert umgehend nach dem ersten Kontakt mit dem Anmachwasser. Die Reflexintensitäten nehmen im Vergleich zu der Hydratation des Calciumsilikates relativ schnell ab. Sekunden nach dem ersten Kontakt sind die (220)– und (420)–Reflexe des Hydratationsproduktes Katoit in den Diffraktogrammen bei 19.97° 2θ bzw. 31.82° 2θ sichtbar. Nach einem Zeitraum von 30 Minuten ist keine Entwicklung in den jeweiligen Reflexintensitäten zu erkennen. Dennoch wurde die Untersuchungsreihe fortgesetzt,

4.1 Die ersten Sekunden eines Bauwerkes — Zementhydratation

um eventuelle Veränderungen der Reflexintensitäten aufzuzeichnen. Da diese Effekte in den aufgezeichneten Diffraktogrammen nicht zu erkennen waren und bei dem C_3A Hydratationsprozesse der ersten Zeitstufe im Vordergrund standen, wurde das Hydratationsexperiment nach einem Zeitraum von vier Stunden abgebrochen. Sowohl das C_3S als auch das C_3A wurden nicht vollständig hydratisiert, jedoch sind ihre Anteile und damit die Reflexintensitäten deutlich zurückgegangen und das Einsetzen der Hydratation konnte beobachtet werden.

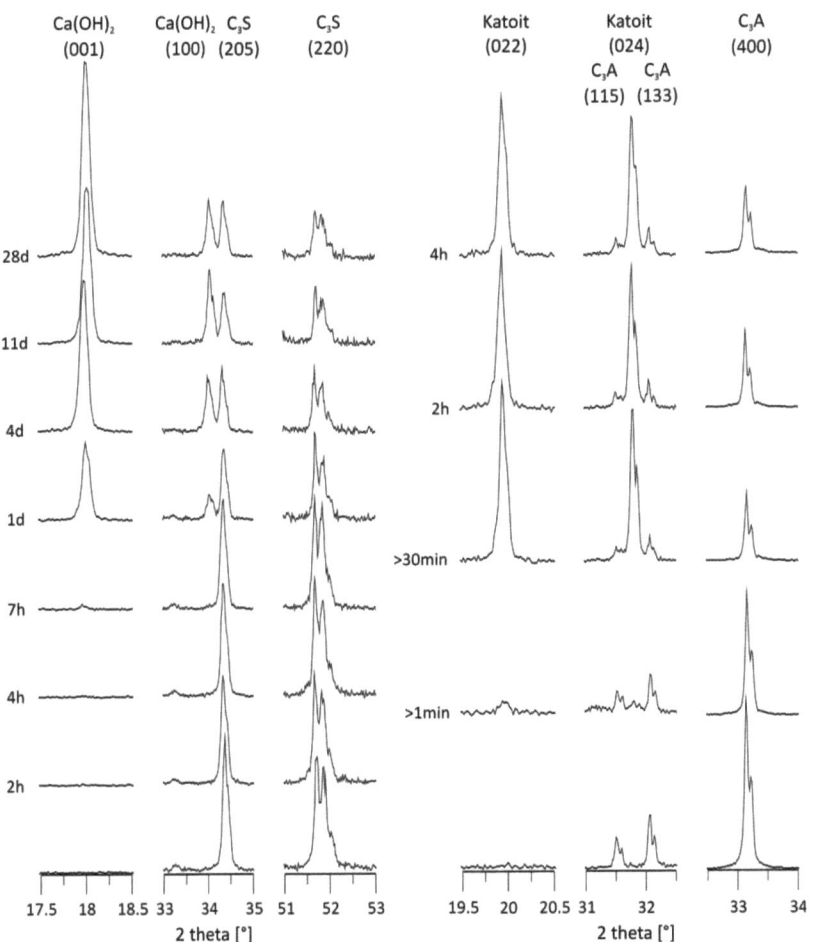

Abbildung 4.2: *Entwicklung einzelner C_3S– und Portlanditreflexintensitäten (links) und C_3A– und Katoitreflexintensitäten (rechts) als Funktion der Hydratationszeit.*

4.1.2 Initiale Ettringitkristallisation

In Abbildung 4.3 ist die Entwicklung der (100)–Ettringitreflexintensitäten als Funktion der Hydratationszeit dargestellt. Durch die unregelmäßige Oberfläche der verwendeten PZ–Presslinge kommt es zu Fluktuationen der Probenposition zu Beginn des Experiments. Dieses führt zu verstärkten Schwankungen der Reflexintensitäten während der ersten zwei Minuten der Hydratation von PZ. Gleiches gilt für den mit PCE 3 versetztem PZ. Letztendlich ist ein klarer Trend in der Entwicklung der Reflexintensitäten sichtbar (s. blaue Linie). Diese Probeneffekte wurden nicht in die Interpretation des Frühstadiums der Zementhydratation mit eingebunden. Während der ersten Minuten unterscheidet sich die Intensitätszunahme der Zemente mit PCE von dem reinen PZ. Jede Messung zeigt eine Untergrunderhöhung während der Wasserinjektion, was zu einer generellen Intensitätserhöhung bei kleinen Beugungswinkeln führt. Jedoch ist die Untergrunderhöhung bei den Zementen mit PCE deutlicher ausgeprägt. Die Ettringit (100)–Reflexe des reinen PZ zeigen eine exponentielle Zunahme über den gesamten Hydratationszeitraum. Noch einer Hydratationszeit von sieben Minuten scheint annähernd ein Intensitätsmaximum erreicht zu sein. Bei Probenmaterial mit dem PCE 1 mit einer relativ niedrigen Ladungsdichte steigen die Reflexintensitäten innerhalb der ersten 50 s ebenfalls exponentiell an. Anschließend setzt eine lineare Intensitätszunahme ein, die bis zum Ende des untersuchten Hydratationszeitraumes von sieben Minuten min anhält. Bei dem PZ versetzt mit dem PCE 2 mit einer relativ mittleren Ladungsdichte liegt bis zu einem Hydratationzeitraum von 100 s ebenfalls eine exponentielle Zunahme der Reflexintensität vor. Danach folgt eine lineare Intensitätszunahme. Über den untersuchten Hydratationszeitraum von sieben Minuten nimmt die Reflexintensität fortwährend zu. Im Vergleich zu dem PZ versetzt mit dem PCE 1 besitzt der Bereich der linearen Intensitätszunahme eine geringere Steigung. Das Probenmaterial mit dem PCE 3 mit einer relativ hohen Ladungsdichte zeigt im Vergleich zu den beiden anderen Proben mit PCE den längsten exponentiellen Anstieg der Ettringitreflexintensität. Die exponentielle Zunahme ist bis zu einem Hydratationszeitraum von 210 s zu beobachten. Ebenfalls ist die Steigung der linearen Intensitätszunahme am geringsten. Insgesamt ist bei allen Proben mit PCE ein Übergang von einer exponentiellen zu einer linearen Reflexintensitätszunahme zu beobachten. Das zeitliche Einsetzen der linearen

4.1 Die ersten Sekunden eines Bauwerkes — Zementhydratation

Intensitätszunahme ist mit zunehmender Ladungsdichte des verwendeten PCE später zu beobachten. Ebenfalls nimmt die Steigung der darauffolgenden linearen Intensitätszunahme mit zunehmender Ladungsdichte des PCE ab. Ein Intensitätsmaximum wird bei keinem der mit PCE versetzten Proben innerhalb der ersten sieben Minuten der Hydratation erreicht [71].

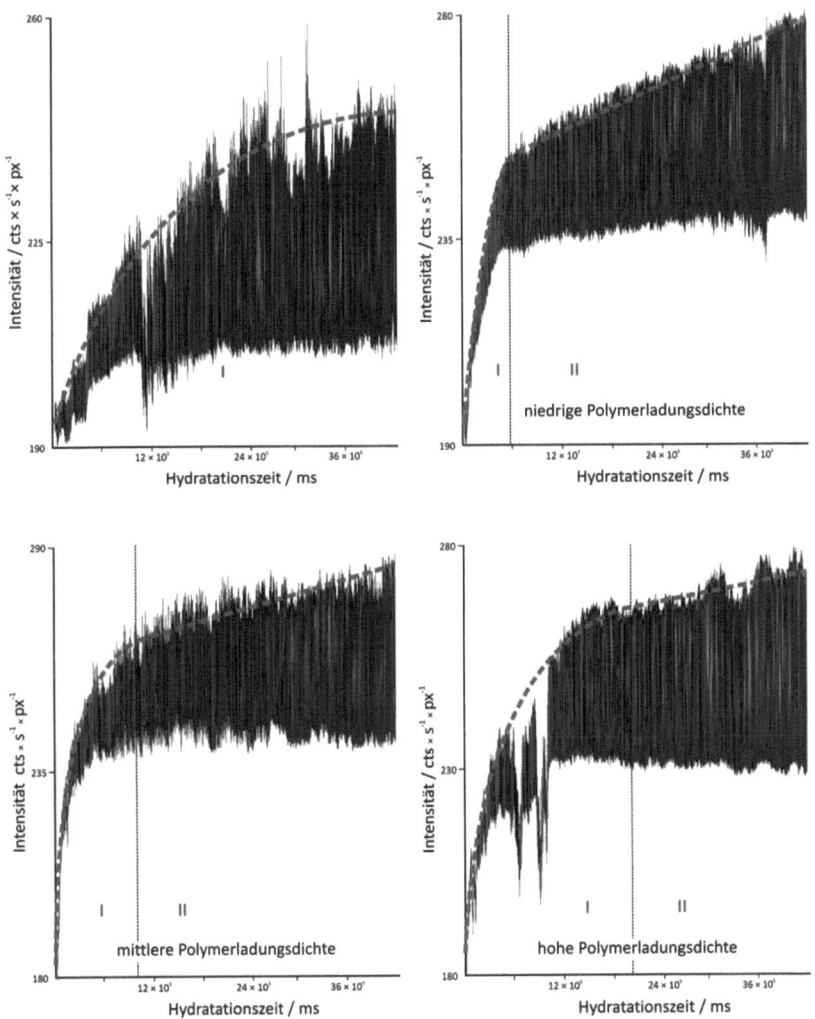

Abbildung 4.3: *Die Entwicklung des (100)–Ettringitreflexes als Funktion der Hydratationszeit. Die blau gestrichelten Linien markieren die gemittelte Zunahme der Intensitäten. Die Reflexintensitätszunahme ist in einen exponentiellen (I) und linearen Bereich (II) eingeteilt* [71]

4.2 Die letzten Sekunden eines Bauwerkes — Schädigungsmechanismen

Da Sulfatlösungen eine Zementmatrix intensiver schädigen als Chloridlösungen (s. 2.1), war zu erwarten, dass der Sulfatangriff im Vergleich zum Chloridangriff zeitlich schneller voranschreitet. Um jedoch unabhängig von der Lösungsart annähernd gleich stark geschädigte Probenkörper miteinander vergleichen zu können, wurden unterschiedliche Auslagerungszeiten für beide Angriffe gewählt und miteinander verglichen (s. 3.1).

4.2.1 Lokalisierung der sekundären Phasen

Die Ergebnisse der μRFA (s. Abb. 4.4) zeigen für das Probenmaterial, das in einer Sulfatlösung ausgelagert war, eine deutliche Zonierung der Elementkonzentrationen innerhalb der aufgenommenen Profiltiefen. Das Probenmaterial mit einer Auslagerungszeit von drei Monaten besitzt im Oberflächenbereich sehr hohe Schwefelkonzentrationen. Diesem Profilbereich folgt ein Bereich mit erhöhten Schwefelkonzentrationen. In größeren Profiltiefen war Schwefel lediglich in Spuren bzw. in sehr geringen Konzentrationen zu finden, die den Schwefelgehalten eines unbeschädigten Zementsteines bzw. Zementmatrix entsprechen. Die Proben mit einer Auslagerungszeit von sechs Monaten weisen eine gleiche Abfolge der Schwefelkonzentrationen wie das Probenmaterial mit einer Auslagerungszeit von drei Monaten auf. Zusätzlich sind direkt an der Oberfläche bzw. in einer Profiltiefe von wenigen μm erhöhte Schwefelkonzentrationen vorhanden, die über dem Profilbereich mit sehr hohen Konzentrationen liegen. Bei dem Probenmaterial mit Kalksteinmehl als Zusatzstoff sind nach einer Auslagerungszeit von sechs Monaten zwischen dem hoch konzentrierten Oberflächenbereich und dem erhöhtem Bereich erste Rissbildungen zu erkennen. Eine weitere Ausnahme stellt die Probe mit dem Hüttensand als Zusatzstoff dar. Unterhalb des Profilbereiches mit hohen Konzentrationen direkt an der Oberfläche sind lediglich punktuell sehr hohe Schwefelkonzentrationen wahrgenommen worden. Die Proben, die in der Chloridlösung ausgelagert waren, zeigen ebenfalls eine Zonierung, jedoch unterscheidet sie sich von den Proben, die in einer Sulfatlösung ausgelagert waren (s. Abb. 4.4). Innerhalb des Oberflächenbereiches sind

4.2 Die letzten Sekunden eines Bauwerkes — Schädigungsmechanismen

ebenfalls erhöhte Konzentrationen zu erkennen, jedoch ist die Chlorkonzentration unterhalb dieses Bereiches nicht erhöht. Mit Ausnahme des Probenmaterials mit dem Kalksteinmehl als Zusatzstoff schließt sich ein Bereich an, in dem Rissbildungen zu erkennen sind. Sie sind deutlich ausgeprägter als die Proben die dem Sulfatangriff ausgesetzt waren. Innerhalb der Risse ist die Chlorkonzentration ebenfalls erhöht. Bei den Proben mit Hüttensand als Zusatzstoff erstreckt sich die Rissausbildung über den

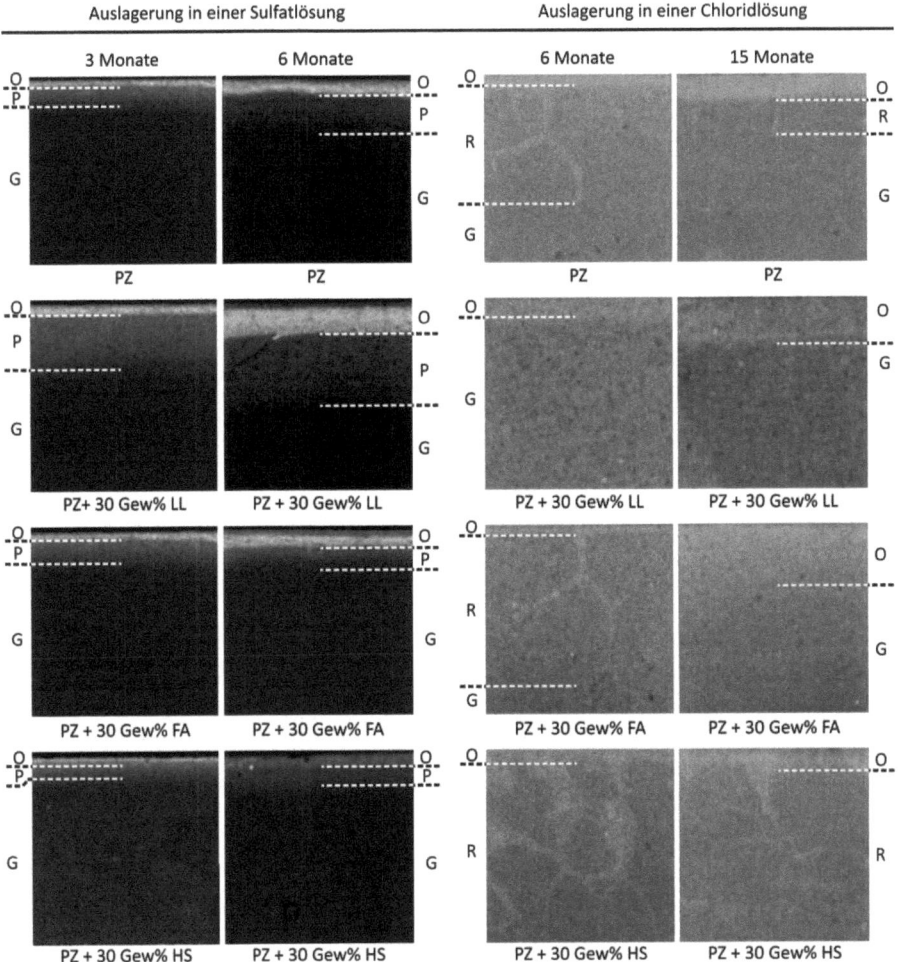

Abbildung 4.4: Ergebnisse des Mappings der S– (gelb) und Cl–Konzentration (grün) nach drei und sechs (links) bzw. sechs und 15 Monaten (rechts) in der Auslagerungslösung. Die gestrichelten Linien markieren die maximale Profiltiefe des Oberflächenbereiches (O), der Eindringtiefe der Lösung (P), des Risswachstums (R) und den Beginn des intakten Gefüges (G).

4.2.2 Identifizierung der sekundären Phasen

Für die Phasenidentifizierung wurden unterschiedliche röntgenographische Methoden verwendet und die Ergebnisse werden in Kapitel 5 miteinander verglichen. Im Folgenden sind die Ergebnisse der Untersuchungen der Röntgenbeugungsverfahren unter der Nutzung unterschiedlicher Strahlenquellen und Fokussiereinheiten dargestellt. Ihnen stehen die Ergebnisse der EDX–Untersuchungen gegenüber. Durch die Elementverteilung innerhalb des Probenmaterials stellen sie einen zusätzlichen analytischen Zugang zu der Änderung des Phasenbestandes dar und werden verwendet, um die XRD– und SyXRD–Ergebnisse zu verifizieren.

Die ortsaufgelösten Untersuchungen mittels XRD wurden für die vier verschiedenen Probenmaterialien nach jeweils zwei unterschiedlichen Auslagerungszeiten durchgeführt. Auf Grund von instrumentellen Einschränkungen, die in Kapitel 5 im Detail aufgeführt sind, ergaben die XRD–Ergebnisse im Vergleich zu den SyXRD–Ergebnisse keinen zusätzlichen Erkenntnisgewinn. Besonders die Auflösung der verwendeten Apparatur lassen keine präzise Bestimmung des Phasenbestandes zu (s. Abbildung 4.5). Daher werden die XRD–Ergebnisse im Folgenden nicht weiter beschrieben. Die Ergebnisse sind in Abbildung 4.6 aufgeführt. Die ortsaufgelösten Untersuchungen wurden am Synchrotron mit einer einer höheren Ortsauflösung und über einen größeren Beugungswinkelbereich wiederholt. Die Ergebnisse wurden den Ergebnissen der REM-EDX-Ergbnissen gegenübergestellt und sind im Folgenden detailliert beschrieben (s. Abb. 4.10 bis 4.17).

Die Elementkonzentrationen wurden aus den aufgezeichneten EDX–Spektren berechnet und auf die jeweilige Kalziumkonzentration normiert. Anschließend wurden für die Betrachtung der Phasenbestandesänderung durch den Sulfatangriff die Al/Ca– und S/Ca– und durch den Chloridangriff die Al/Ca– und Cl/Ca–Verhältnisse graphisch dargestellt (s. Kap. 3.2.2) und miteinander verglichen. Die Beschreibung der Ergebnisse ist nach der Auslagerungszeit bzw. bei gleichen Auslagerungszeiten nach dem Grad der Schädigung sortiert (s. Kap. 5.2.2). Somit wird die Änderung des Phasenbestandes durch den Chloridangriff vor dem Sulfatangriff über die gleiche Auslagerungszeit von sechs Monaten beschrieben. Die Beschreibung der Änderung des Phasenbestandes ist im Einzelnen nach dem Probenmaterial mit folgender Reihenfolge unterteilt: reiner Port-

4.2 Die letzten Sekunden eines Bauwerkes — Schädigungsmechanismen

landzement, Portlandzement mit Kalksteinmehl, Flugasche oder Hüttensand als Zusatzstoff. Die Schwerpunkte der Datenbeschreibung liegen zum einen auf der Lage der kalziumnormierten Elementkonzentrationen relativ zu den Verbindungslinien zwischen den Elementverhältnisse der reinen primären und sekundären Phasen. Zum anderen liefert die Verteilung der einzelnen Punktwolken relativ zu den Lagen der Elementverhältnisse der reinen primären und sekundären Phasen Informationen über die Anteile der kristallinen und amorphen Phasen. Die Anzahl an Datenpunkten variiert innerhalb der einzelnen Graphen, obwohl die Anzahl an Messungen für die einzelnen Probenmaterialien und Profiltiefen annähernd gleich waren. Der Grund für die Variation der Datenpunktanzahl liegt in der Auswahl der Elementverhältnisbereiche. In den Abbildungen ist lediglich ein Ausschnitt der berechneten Verhältnisse dargestellt. Die Datenpunkte, die sich außerhalb des dargestellten Bereiches befinden, repräsentieren nicht den Schwerpunkt der Untersuchungen, und zwar die kristallinen sekundären Phasen, die sich innerhalb der amorphen C–S–H–Matrix befinden. Trotz unterschiedlicher Anzahl sind die berechneten Datenpunktmengen repräsentativ für die jeweilige Profiltiefe. Die Datenpunktanzahl ist ausreichend für eine Ableitung des Phasenbestandes aus der relativen Lage der innerhalb des Feldes, das durch die Verhältnisse der reinen Phasen aufgespannt wird.

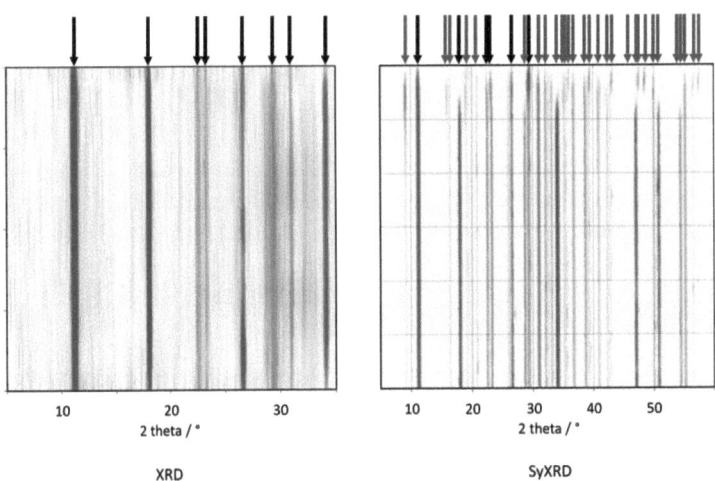

Abbildung 4.5: *Vergleich der Ergebnisse der XRD– (links) und SyXRD–Untersuchungen (rechts). Die Pfeile markieren Reflexpositionen, die nach den Untersuchungen mittels XRD (schwarz) und SyXRD (schwarz und blau) für die anschließende Phasenidentifizierung verwendet werden konnten.*

4 Ergebnisse

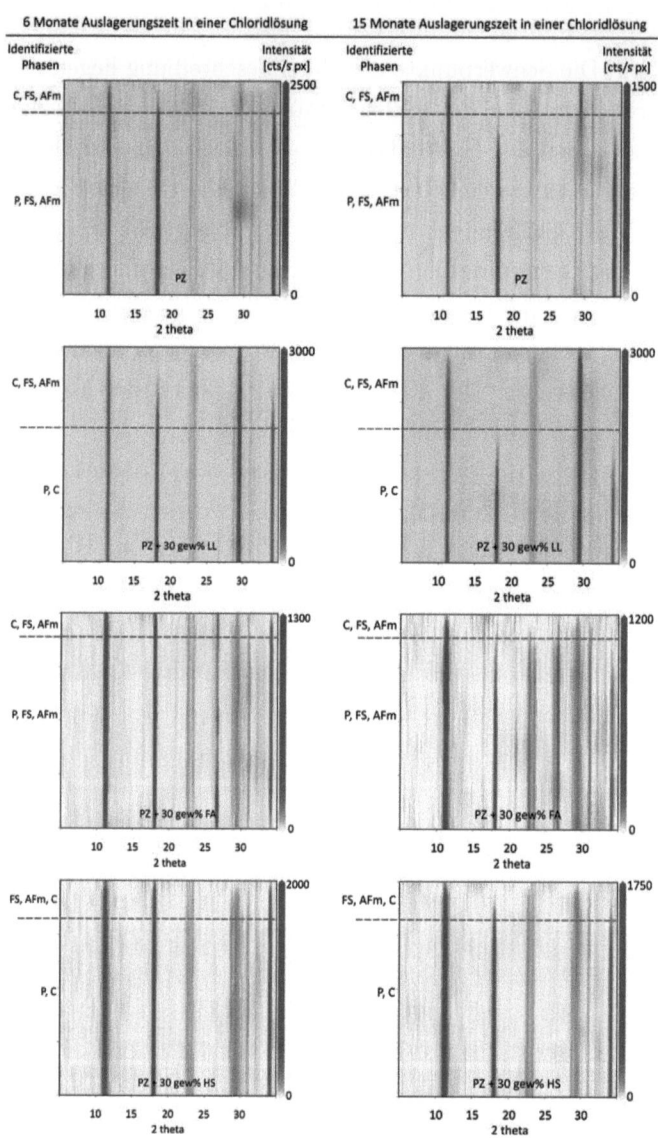

Abbildung 4.6: Diffraktogramme, aufgezeichnet nach sechs (links) und 15 Monaten Auslagerungszeit (rechts) in einer Chloridlösung (rechts). Die identifizierten Phasen sind Portlandit (P), Kalzit (C), AFm-Mischkristalle (AFm) und Friedelsches Salz (FS).

4.2 Die letzten Sekunden eines Bauwerkes — Schädigungsmechanismen

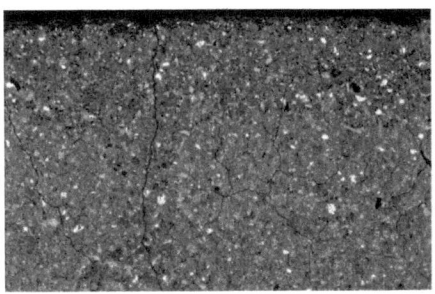 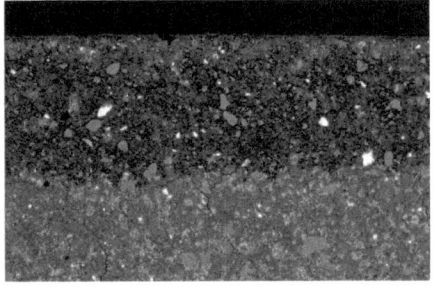

Abbildung 4.7: REM-Aufnahmen der Probenoberfläche des Materials mit Hüttensand (links) und Kalksteinmehl (rechts) als Zusatzstoff (Bildbreite 1,2 mm)

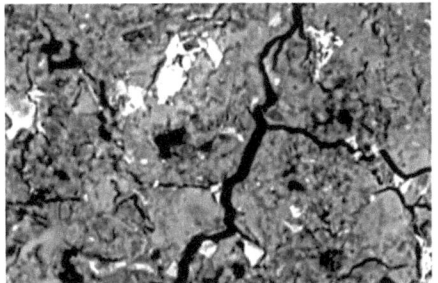 

Abbildung 4.8: REM-Aufnahmen von dem Gefüge 500 μm unterhalb der Probenoberfläche. Vergleich der Rissausbildung des Probenmaterial mit Kalksteinmehl (links) und Hüttensand (rechts) als Zusatzstoff (Bildbreite 150 μm)

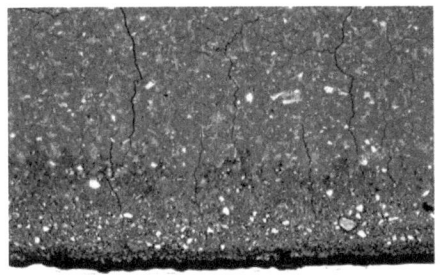 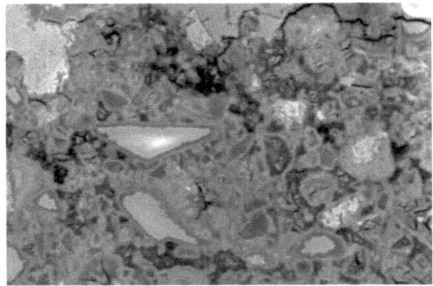

Abbildung 4.9: REM-Aufnahmen von dem Oberflächbereich des Probenmaterial mit Hüttensand als Übersicht (links, Bildbreite 1,2 mm) und als Detailaufnahme des Gefüges (rechts, Bilsbreite 150 μm)

4 Ergebnisse

Nach einer Auslagerungszeit von drei Monaten wurden innerhalb der Probenkörper, die in einer Sulfatlösung ausgelagert waren, von der Probenoberfläche bis in eine Profiltiefe von drei mm Diffraktogramme aufgezeichnet und der Phasenbestand bestimmt. Im Probenmaterial ohne Zusatzstoff wurden im Oberflächenbereich Portlandit und sekundärer Ettringit identifiziert (s. Abb. 4.10). Unterhalb der Profiltiefe von 310 μm wurden neben dem Portlandit lediglich geringe Anteile des sekundären Ettringits als Hydratphasen identifiziert, wobei der Ettringitanteil mit zunehmender Profiltiefe abnimmt. Nach sechs Monaten Auslagerungszeit in einer Chloridlösung zeigen die Probenkörper ebenfalls eine Änderung das Phasenbestandes. Innerhalb des Probenmaterials ohne Zusatzstoff wurden zwischen der Probenoberfläche und einer Profiltiefe von 460 μm Kalzit, AFm–Mischkristalle und Friedelsches Salz identifiziert. Unterhalb dieser Profiltiefe ergab die Phasenidentifizierung das Vorhandensein von Portlandit an Stelle von Kalzit. Das Friedelsche Salz und die AFm–Mischkristallphasen wurden über das gesamte aufgezeichnete Profil identifiziert und zeigten besonders innerhalb des Probenoberflächenbereichs relativ hohe Anteile. Die Phasenidentifizierung mittels EDX–Untersuchungen, innerhalb des Probenmaterials aus reinem Portlandzement nach drei Monaten Auslagerungszeit, zeigen das Vorhandensein von sekundären Phasen im Oberflächenbereich. Die Elementverhältnisse Al/Ca gegen S/Ca, aufgenommen in einer Profiltiefe von 50 μm und 150 μm, weisen ebenfalls einen erhöhten Ettringitanteil auf. Der Großteil der berechneten Datenpunkte befinden sich nahe an der Verbindungslinie zwischen den reinen C–S–H–Phasen und Ettringit. Ab einer Profiltiefe von einem mm befinden sich die kalkulierten Datenpunkte bei den Verbindungslinien zwischen den reinen C–S–H–Phasen und dem Ettringit und den reinen C–S–H–Phasen und Monosulfat. Letztere repräsentieren dabei das intakte Gefüge repräsentiert. Je größer die Profiltiefe, an denen die EDX–Spektren aufgezeichnet wurden, desto näher befinden sich die kalkulierten Datenpunkte an der Verbindungslinie zwischen den C–S–H–Phasen und des Monosulfats (s. Abb. 4.10). Die Verteilung der Datenpunkte hat in allen vier untersuchten Profiltiefen ihren Schwerpunkt nahe der Elementkonzentrationen der reinen C–S–H–Phasen. Insgesamt wurde ausschließlich Ettringit als sekundäre Phasen im Gefüge identifiziert. Stark erhöhte Schwefelkonzentrationen, die für das Vorhandensein von sekundärem Gips sprächen, liegen nicht vor. Die horizontale Verteilung ist in allen untersuchten Profiltiefen sehr ähnlich, wobei sich der Schwerpunkt nahe der C–S–H befindet.

Die berechneten Datenpunkte aus den Untersuchungen des Oberflächenbereiches des reinen Portlandzementes befinden sich nach sechs Monaten in einer Chloridlösung vorwiegend unterhalb der Verbindungslinie zwischen den Elementverhältnissen der reinen C–S–H–Phasen und dem Kuzelschen Salz. Eine geringe Anzahl an Datenpunkten befinden sich in Bereichen mit höheren Chlorkonzentrationen, bevorzugt auf der Verbindungslinie zwischen den reinen C–S–H–Phasen und dem Friedelschem Salz. In einer Profiltiefe von 400 μm liegen die berechneten Datenpunkte auf und unter der Verbindungslinie zwischen den Elementverhältnissen der reinen C–S–H–Phasen und dem Kuzelschen Salz. Zudem befinden sich einzelne Datenpunkte auf der Verbindungslinie zwischen den reinen C–S–H–Phasen und Trichloridhydrat. Die Datenpunkte in einer Profiltiefe von zwei mm liegen bevorzugt auf den Verbindungslinien zwischen den Elementverhältnissen der reinen C–S–H–Phasen und Kuzelschem Salz bzw. Friedelschem Salz.

Insgesamt ist ein genereller Trend der Datenpunktverteilung zu erkennen. Je höher die Profiltiefe, desto mehr verschiebt sich die Verteilung der berechneten Datenpunkt näher an die Zusammensetzung der reinen C–S–H–Phasen.

Die SyXRD–Ergebnisse zeigen nach drei Monaten Auslagerungszeit in einer Sulfatlösung für das Probenmaterial mit Kalksteinmehl als Zuschlagstoff von der Probenoberfläche bis in eine Profiltiefe von 790 μm Monokarbonat und Ettringit als sekundär gebildete Phasen. Unterhalb dieser Profiltiefe wurde ausschließlich Portlandit als kristalline Hydratphase identifiziert. Zwischen einer Profiltiefe von 240 μm und 790 μm wurde zudem sekundär gebildeter Gips entdeckt.

Für das gleiche Probenmaterial ergab die Phasenidentifizierung nach sechs Monaten in einer Chloridlösung innerhalb des Oberflächenbereiches bis in eine Profiltiefe von 1210 μm Kalzit, sekundär gebildetes Friedelsches Salz und AFm–Mischkristalle (s. Abb. 4.11). Unterhalb dieser Profiltiefe wurde neben Portlandit ausschließlich Kalzit bis zu der maximal untersuchten Profiltiefe von drei mm identifiziert.

Die REM–EDX–Ergebnisse zeigen, dass sich in einer Profiltiefe von 100 μm der überwiegende Anteil der berechneten Datenpunkte nahe der Verbindungslinie zwischen den Elementverhältnissen der reinen C–S–H–Phasen und Monosulfat befindet (s. Abb. 4.11). Der Schwerpunkt der Datenpunktverteilung liegt bei den Elementverhältnissen der reinen C–S–H–Phasen. Unterhalb einer Profiltiefe von 500 μm sind die berechneten Datenpunkte vorwiegend auf der Verbindungslinie zwischen den reinen C–S–H–Phasen und Ettringit zu finden. Außerdem sind die Datenpunkte gleichmäßig zwischen den Elementverhältnissen beider reinen Phasen verteilt. In einer Profiltiefe von zwei mm befinden sich die berechneten Datenpunkte wiederum auf der Verbindungslinie zwischen den reinen C–S–H–Phasen und Ettringit. Zusätzlich liegen einige der berechneten Datenpunkte ebenfalls auf der Verbindungslinie zwischen den reinen C–S–H–Phasen und Monosulfat. Insgesamt sind die Datenpunkte nicht gleichmäßig verteilt, sondern befinden sich näher an den Elementverhältnissen der reinen C–S–H–Phasen. Nach sechs Monaten in einer Chloridlösung befinden sich die berechneten Datenpunkte, aufgenommen innerhalb des Oberflächenbereiches, auf den Verbindungslinien der Elementverhältnisse der reinen C–S–H–Phasen und aller drei sekundärer Phasen. Der überwiegende Anteil der Datenpunkte ist nahe den Elementverhältnissen der reinen C–S–H–Phasen aufzufinden. In einer Profiltiefe von 300 μm liegen die berechneten Datenpunkte beinahe ausschließlich unterhalb der Verbindungslinie zwischen den Elementverhältnissen der reinen C–S–H–Phasen und Kuzelschem Salz. Der Schwerpunkt der Datenpunktverteilung unterhalb der Verbindungslinie liegt auf der Seite der reinen C–S–H–Phasen. Die berechneten Datenpunkte in einer Profiltiefe von einem mm verteilen sich, ähnlich wie im Oberflächenbereich, auf alle drei Verbindungslinien. Ebenfalls sind die Datenpunkte bevorzugt nahe der Elementverhältnisse der reinen C–S–H–Phasen zu finden. Im Vergleich zu den niedrigen Profiltiefen befinden sie sich häufiger in der Nähe der Elementverhältnisse des Kuzelschen Salzes. Insgesamt variiert die Position der Datenpunkte auf den einzelnen Verbindungslinien zwischen den reinen Phasen, die horizontale Verteilung bleibt jedoch über den gesamten untersuchten Profilbereich ähnlich.

Die SyXRD–Untersuchungen zeigen innerhalb des Oberflächenbereiches für das Probenmaterial mit dem Zusatzstoff Flugasche Portlandit und als sekundär gebildete Phasen Ettringit und Gips (s. Abb. 4.12). Unterhalb einer Profiltiefe vonn 50μm wurden keine Gipsanteile gefunden. Anhand der relativen Reflexintensitäten ist zu erkennen, dass der Ettringitanteil mit zunehmender Profiltiefe

4.2 Die letzten Sekunden eines Bauwerkes — Schädigungsmechanismen

ab– und gleichzeitig der Portlanditanteil zunimmt.

Während der Profilmessung innerhalb des Probenmaterials, das einer Chloridlösung ausgesetzt war, wurden die sekundär gebildeten Phasen Friedelsches Salz und AFm–Mischkristallphasen über das gesamte untersuchte Profil identifiziert. Bis in eine Profiltiefe von 360 μm wurde innerhalb des Oberflächenbereiches zusätzlich Kalzit und unterhalb dieser Profiltiefe Portlandit aufgefunden.

Die Ergebnisse der kalziumnormierten Aluminium– und Schwefelkonzentrationen zeigen eindeutig das Vorhandensein von sekundär gebildeten Phasen (s. Abb. 4.12). Die berechneten Datenpunkte liegen innerhalb des Oberflächenbereiches mit einer Profiltiefe von 50 μm nahe an der Verbindungslinie zwischen den Elementverhältnissen der reinen C–S–H–Phasen und Ettringit. In einer Profiltiefe von 500 μm sind die Datenpunkte ebenfalls primär auf der Verbindungslinie zwischen den Elementverhältnissen der reinen C–S–H–Phasen und Ettringit aufzufinden, dennoch weiter verstreut. Zusätzlich zeigen einzelne Messungen stark erhöhte Schwefelkonzentrationen, so dass sich Datenpunkte im Zentrum des Feldes befinden, das durch die Elementverhältnisse der reinen C–S–H–Phasen, Ettringit und Gips aufgespannt wird. Der Schwerpunkt der Datenpunktverteilung liegt näher an den Elementverhältnissen der reinen C–S–H–Phasen. In einer Profiltiefe von 1.5 mm liegen die Datenpunkte vorwiegend unterhalb der Verbindungslinie zwischen den Elementverhältnissen der reinen C–S–H–Phasen und Monosulfat. Der Schwerpunkt der Datenpunktverteilung ist ähnlich dem der Datenpunkte in einer Profiltiefe von 500 μm. Im Vergleich zu dem Probenmaterial aus reinem Portlandzement und dem Zusatzstoff Kalksteinmehl sind die Al/Ca–Verhältnisse höher und die Datenpunkte dadurch horizontal weiter verteilt.

Nach einem Chloridangriff über sechs Monate zeigen die Datenpunkte in einer Profiltiefe von 100 μm relativ geringe Cl/Ca– und eine weite Streuung der Al/Ca–Verhältnisse. Beinahe alle Datenpunkte befinden sich unterhalb der Verbindungslinie zwischen den Elementverhältnissen der reinen C–S–H–Phasen und dem Kuzelschem Salz. In einer Profiltiefe von 250 μm liegen die berechneten Datenpunkte ausschließlich unterhalb der Elementverhältnisse der reinen C–S–H–Phasen. Zusätzlich nehmen die aufgezeichneten Aluminiumgehalte ab, während sich die horizontale Verteilung der Datenpunkte in Richtung der Elementverhältnisse der reinen C–S–H–Phasen verschiebt. In einer Profiltiefe von

4 Ergebnisse

einem mm bleiben die Aluminiumkonzentrationen annähernd gleich, die Chlorkonzentrationen jedoch nehmen zu. Die berechneten Datenpunkte liegen sowohl auf der Verbindungslinie zwischen den Elementverhältnissen der reinen C–S–H–Phasen und Friedelschem Salz, als auch auf der Verbindungslinie zwischen den reinen C–S–H–Phasen, Kuzelschem Salz und darunter. Vergleichbar zu den Elementverhältnissen des gleichen Probenmaterials nach einem Sulfatangriff, sind insgesamt hohe Al/Ca–Verhältnisse und somit eine weite horizontale Streuung der Datenpunkte zu beobachten.

Nach einem Sulfatangriff wurden relativ hohe Ettringitanteile während der Phasenidentifizierung innerhalb des Oberflächenbereiches des Probenmaterials mit dem Zusatzstoff Hüttensand festgestellt (s. Abb. 4.13). Die Entwicklung der Reflexintensitäten zeigt eine Abnahme des Ettringitanteils mit zunehmender Profiltiefe. Unter der Profiltiefe von 240 μm wurden neben Ettringit ebenfalls Portlandit, Gips und AFm–Mischkristalle aufgefunden. Die Anteile der sekundären Phasen nehmen mit zunehmender Profiltiefe ab. Der Portlanditanteil nimmt zu. Nach einem Chloridangriff über sechs Monate wurden Friedelsches Salz, AFm–Mischkristallphasen und Kalzit identifiziert. Ab einer Profiltiefe von 530 μm ergab die Phasenidentifizierung neben Portlandit als sekundär gebildete Phase auschließlich Kalzit.

Die REM–EDX–Ergebnisse zeigen innerhalb des Oberflächenbereiches des sulfatgeschädigten Probenmaterials, dass sich sich die berechneten Datenpunkte vorwiegend innerhalb des Dreieckes, das durch die Elementverhältnisse der reinen C–S–H–Phasen, Ettringit und Monosulfat aufgespannt wird, befinden (s. Abb. 4.13). Die Verteilung der Datenpunkte ist tendenziell näher an den Elementverhältnissen der reinen C–S–H–Phasen. In einer Profiltiefe von 500 μm befindet sich der überwiegende Anteil der berechneten Datenpunkte innerhalb des Dreieckes, dessen Eckpunkte auf den Elementverhältnissen der reinen C–S–H–Phasen, Ettringit und Monosulfat liegen. Die Datenpunktverteilung entspricht der des Oberflächenbereiches. Bei größeren Profiltiefen unterscheidet sich die Lage der berechneten Datenpunkte deutlich von denen im und nahe dem Oberflächenbereich. In einer Profiltiefe von 5 mm befinden sich die berechneten Datenpunkt auf oder unterhalb der Verbindungslinie zwischen den Elementverhältnissen der reinen C–S–H–Phasen und Monosulfat.

Bei der chloridgeschädigten Probe zeigen die Ergebnisse eine ähnliche Ent-

4.2 Die letzten Sekunden eines Bauwerkes — Schädigungsmechanismen

wicklung der Elementverhältnisse als Funktion der Profiltiefe wie das Probenmaterial mit dem Zusatzstoff Flugasche. Insgesamt ist mit steigender Profiltiefe eine Zunahme der Datenpunktverteilung in vertikaler Richtung zu erkennen. Ebenfalls bewegt sich die horizontale Verteilung mit steigender Profiltiefe in Richtung der Elementverhältnisse der reinen C–S–H–Phasen. In einer Profiltiefe von 100 μm befinden sich sämtliche Datenpunkte unterhalb der Verbindungslinie zwischen den Elementverhältnissen der reinen C–S–H–Phasen und dem Kuzelschen Salz. Die horizontale Verteilung ist eher ausgeglichen. Die Datenpunkte sind zwischen den Elementverhältnissen der reinen C–S–H–Phasen und einem Al/Ca–Verhältnis von 0.5 etwa gleich verteilt. In einer Profiltiefe von 200 μm nehmen sowohl das Cl/Ca– als auch das Al/Ca–Verhältnis leicht zu, so dass sich die berechneten Datenpunkte näher an den Elementverhältnissen der reinen C–S–H–Phasen und der Verbindungslinie zwischen den C–S–H–Phasen und dem Kuzelschem Salz befinden. Mit zunehmender Profiltiefe steigen die Cl/Ca–Verhältnisse weiter an. Die berechneten Datenpunkte liegen in einer Profiltiefe von 5 mm zunehmend auf und über der Verbindungslinie zwischen den Elementverhältnissen der reinen C–S–H–Phasen und den beiden Sekundärphasen Friedelschem Salz– und Kuzelschem Salz. Die horizontale Verteilung verschiebt sich weiter in Richtung der Elementverhältnisse der reinen C–S–H–Phasen. Die Elementverhältnisse nach beiden Angriffen zeigen relative hohe Al/Ca–Verhältnisse, die insgesamt zu einer weiten horizontalen Verteilung führen.

Nach sechs Monaten Auslagerungszeit in der Sulfatlösung wurde der Phasenbestand erneut bestimmt. Bei dem Probenmaterial aus reinem Portlandzement konnten zwei wesentliche Änderungen des Phasenbestandes identifiziert werden (s. Abb. 4.14). Zum einen befand sich sekundärer Ettringit innerhalb des Probenoberflächenbereiches, vergleichbar mit der Schädigung des Probenkörpers nach einer Auslagerungszeit von drei Monaten. Zum anderen wurde zwischen den Profiltiefen von 220 μm und 1210 μm als zusätzliche Sulfatphase sekundärer Gips identifiziert. Unterhalb der Profiltiefe von 1210 μm wurden ausschließlich Portlanditreflexe aufgezeichnet.

Nach 15 Monaten in einer Chloridlösung wurde die Phasenbestandsänderung ebenfalls erneut identifiziert. Die Änderung des Probenmaterials ohne Zusatzstoff ist vergleichbar mit der Änderung des Phasenbestandes, die nach einer

4 Ergebnisse

Auslagerungszeit von sechs Monaten aufzufinden war. Zusätzlich wurden in einer Profiltiefe von 1260 μm höhere Kalzitanteile innerhalb des Probenoberflächenbereiches aufgezeichnet.

Die berechneten Elementverhältnisse der Spektren, die innerhalb des Probenoberflächenbereiches des sulfatgeschädigten reinen Portlandzementes aufgezeichnet wurden, zeigen eine Verteilung der Datenpunkte nahe der Verbindungslinien zwischen der Zusammensetzung der Phasen Monosulfat, Ettringite und den reinen C–S–H–Phasen (s. Abb. 4.14). Die relativ geringen Aluminiumkonzentrationen führen zu einer bevorzugten Verteilung der Datenpunkte in Richtung der Elementverhältnisse der reinen C–S–H–Phasen. Die höchsten Al/Ca–Verhältnisse wurden in einer Profiltiefe von 200 μm aufgezeichnet. Die berechneten Elementverhältnisse ergeben eine bevorzugte Verteilung der Datenpunkte innerhalb des Dreiecks, das zwischen den Elementverhältnissen der reinen C–S–H–Phasen, Gips und Ettringit aufgespannt wird. Die horizontale Verteilung entspricht bis auf wenige Ausnahmen der des Oberflächenbereiches. Die aufgezeichneten EDX–Spektren in einer Profiltiefe von zwei mm zeigen wiederum eine Verteilung der berechneten Datenpunkte zu niedrigeren S/Al–Verhältnissen. Sie liegen dementsprechend nahe der Verbindungslinie zwischen der Zusammensetzung der reinen C–S–H–Phasen und Ettringit. Die Al/Ca–Verhältnisse nehmen ebenfalls sichtbar ab. Insgesamt verschiebt sich die horizontale Verteilung der Datenpunkte mit zunehmender Profiltiefe in Richtung der Zusammensetzung der reinen C–S–H–Phasen

Die berechneten Datenpunkte aus den Ergebnissen der Untersuchungen des oberflächennahen Bereiches des chloridgeschädigten Probenmaterials aus reinem Portlandzement befinden sich vorwiegend zwischen den Verbindungslinien der Elementverhältnisse reiner C–S–H–Phasen sowohl des Trichloridhydrates als auch des Kuzelschen Salzes. In einer Profiltiefe von 800 μm sind die kalziumnormierten Chlorkonzentrationen geringer und befinden sich auf und unterhalb der beiden Verbindungslinien zwischen den Elementverhältnissen der reinen C–S–H–Phasen und den beiden sekundären Phasen Kuzelsches und Friedelsches Salz. In den Profiltiefen von zwei mm sind die Cl/Ca–Verhältnisse im Vergleich zum Oberflächenbereich und der Profiltiefe von 800 μm höher. Außerdem ist die horizontale Verteilung der Datenpunkte nah an den Elementverhältnissen der reinen C–S–H–Phasen. Insgesamt zeigen die aufgenommenen Spektren erhöhte Cl/Al–Verhältnisse in allen untersuchten Profiltiefen. Die horizontale und vertikale Verteilung der Datenpunkte in den dargestellten Bereichen der Elementverhältnisse variieren innerhalb der untersuchten Profiltiefen stark.

Die SyXRD–Ergebnisse zeigen innerhalb des Probenmaterials mit dem Zusatzstoff Kalksteinmehl nach dem Sulfatangriff über sechs Monate sekundär gebildete Phasen bis in eine Profiltiefe von 2210 μm (s. Abb. 4.15). Im Probenoberflächenbereich wurden bis in eine Profiltiefe von 600 μm Ettringit, zwischen 600 μm und 2210 μm Monokarbonat und Gips und über den gesamten untersuchten Profilbereich Kalzit identifiziert.

Nach einem Chloridangriff über 15 Monate wurde über den gesamten untersuchten Profilbereich die sekundär gebildeten Phasen Friedelsches Salz und AFm–Mischkristalle aufgefunden sowie Portlandit unterhalb einer Profiltiefe von 1860 μm identifiziert.

Das Probenmaterial zeigt nach dem Sulfatangriff die höchsten Schwefelkonzentrationen aller untersuchten Probenmaterialien. Einzelne Datenpunkte liegen nahe dem S/Ca–Verhältnis von Gips (s. Abb. 4.15). Die berechneten Datenpunkte befinden sich für die oberflächennahen Profiltiefe von 200 μm vorwiegend zwischen den beiden Verbindungslinien zwischen den Elementverhältnissen der reinen C–S–H–Phasen und dem Monosulfat sowie Ettringit. Die Al/Ca–Verhältnisse variieren stark und die Datenpunkte sind horizontal gleichmäßig verteilt. In einer Profiltiefe von 1.5 mm wurden die höchsten S/Ca–Verhältnisse innerhalb der EDX–Untersuchungen aufgezeichnet. Die berechneten Datenpunkte liegen bevorzugt innerhalb des Dreiecks, das durch die Elementverhältnisse der reinen C–S–H–Phasen, Gips und Ettringit aufgespannt wird. Teilweise befinden sich die berechneten Datenpunkte sehr nahe an den Elementverhältnissen des reinen Gipses. Das Al/Ca–Verhältnis nimmt im Vergleich zu der Profiltiefe von 200 μm etwas ab. In einer Profiltiefe von drei mm befinden sich die berechneten Datenpunkte auf der Verbindungslinie zwischen den Elementverhältnissen der reinen C–S–H–Phasen und Ettringit. Das Al/Ca–Verhältnis nimmt weiter ab. Die horizontale Verteilung der Datenpunkte verschiebt sich mit zunehmender Profiltiefe näher zu der Zusammensetzung der reinen C–S–H–Phasen. Wenige Datenpunkte zeigen Al/Ca–Verhältnisse, die der Zusammensetzung von Monosulfat entsprechen.

Die Elementverteilung, aufgenommen nach einem Cholridangriff, zeigt inner-

4 Ergebnisse

halb des Oberflächenbereiches bis in eine Profiltiefe von 200 µm Datenpunkte vorwiegend unterhalb der Verbindungslinie zwischen den Elementverhältnissen der reinen C–S–H–Phasen und Friedelschem Salz. Einige Datenpunkte sind zusätzlich oberhalb dieser Verbindungslinie aufzufinden. Vertikal liegen die Datenpunkte nahe an den Elementverhältnissen der reinen C–S–H–Phasen. In einer Profiltiefe von einem mm befinden sich die berechneten Datenpunkte auf und oberhalb der Verbindungslinie zwischen den Elementverhältnissen der reinen C–S–H–Phasen und Kuzelschem Salz. Insgesamt entspricht die horizontale Verteilung der Datenpunkte den Ergebnissen der Untersuchungen innerhalb des Oberflächenbereiches. Der Großteil der Datenpunkte, aufgenommen in einer Profiltiefe von 5 mm, befindet sich auf der Verbindungslinie zwischen den Elementverhältnissen der reinen C–S–H–Phasen und sowohl dem Kuzelschem als auch dem Friedelschem Salz. Der Schwerpunkt der horizontalen Datenpunktverteilung verschiebt sich im Vergleich zu den Ergebnissen der Untersuchungen im Oberflächenbereich und der Profiltiefe von einem mm in Richtung der Elementverhältnisse der reinen C–S–H–Phasen. Dennoch sind in allen Profiltiefen Datenpunkte mit Al/Ca–verhältnissen zu beobachten, die der Zusammensetzung von Kuzelschem oder Friedelschem Salz entsprechen.

Die Phasenidentifizierung ergab für das Probenmaterial mit dem Zusatzstoff Flugasche nach sechs Monaten in einer Sulfatlösung, dass Ettringitanteile über das gesamte untersuchte Profil vorliegen (s. Abb. 4.16). Zwischen den Profiltiefen von 410 µm und 1100 µm wurde zusätzlich Gips aufgefunden.

Der Phasenbestand des gleichen Probenmaterials ändert sich in einer Profiltiefe von 390 µm und 690 µm nach 15 Monaten in einer Chloridlösung. In den oberflächennahen Profiltiefen ergab die Phasenidentifizierung Kalzit und AFm–Mischkristallphasen. Zwischen 390 µm und 690 µm zeigte sie Friedelsches Salz, AFm–Mischkristallphasen sowie Kalzit. Unterhalb von 690 µm wurde der gleiche Phasenbestand ermittelt, jedoch mit Portlandit an Stelle von Kalzit als kristalline Phase.

Die REM–EDX–Untersuchungen zeigen für den oberflächennahen Bereich des sulfatgeschädigten Probenmaterials eine ähnliche Verteilung der berechneten Datenpunkte wie das Probenmaterial mit dem Zusatzstoff Kalksteinmehl (s. Abb. 4.16). Die Datenpunkte befinden sich vorwiegend zwischen den beiden Verbindungslinien zwischen den Elementverhältnissen der reinen C–S–H–Phasen

4.2 Die letzten Sekunden eines Bauwerkes — Schädigungsmechanismen

und Monosulfat wie auch Ettringit. Die berechneten Datenpunkte sind zudem horizontal gleichmäßig verteilt. In einer Profiltiefe von 1.2 mm steigt das S/Ca–Verhältnis stark an und der Großteil der Datenpunkte liegt auf und teilweise über der Verbindungslinie zwischen den Elementverhältnissen der reinen C–S–H–Phasen und Ettringit sowie auch vereinzelt nahe den Elementverhältnissen des reinen Gipses. Insgesamt sind in dieser Profiltiefe die Al/Ca–Verhältnisse im Vergleich zu dem oberflächennahen Bereich etwas geringer. Bei einer Profiltiefe von 2.8 mm ähnelt die Verteilung der Datenpunkte der des Oberflächenbereiches des Probenmaterials mit Kalksteinmehl als Zusatzstoff. Der überwiegende Anteil der Datenpunkte befindet sich zwischen der Verbindungslinie der Elementverhältnisse der reinen C–S–H–Phasen und Ettringit bzw. Monosulfat. Horizontal sind die Datenpunkte relativ gleichmäßig verteilt und verschieben sich mit zunehmender Profiltiefe gering in Richtung der Zusammensetzung der reinen C–S–H–Phasen.

Nach 15 Monaten in einer Chloridlösung zeigen die EDX–Spektren für die oberflächennahe Profiltiefe von 100 μm eine relativ leichte Erhöhung der Chlor– und relativ hohe Aluminiumkonzentrationen. Die berechneten Datenpunkte der Elementverhältnisse befinden sich unterhalb und teilweise auf der Verbindungslinie zwischen denen der reinen C–S–H–Phasen und Kuzelschem Salz. Die horizontale Verteilung der Datenpunkte befindet sich vermehrt zwischen den Al/Ca–Verhältnissen von Trichloridhydrat und dem Kuzelschen Salz. In einer Profiltiefe von 200 μm nehmen die Al/Ca–Verhältnisse ab und die Cl/Ca–Verhältnisse zu. Die berechneten Datenpunkte sind weiter verteilt und liegen auf und unter den Verbindungslinien zwischen den Elementverhältnissen der reinen C–S–H–Phasen und sowohl Friedelschem als auch Kuzelschem Salz. Bei einer Profiltiefe von 800 μm wurden innerhalb dieses Probenmaterials die höchsten Chlorkonzentrationen bestimmt. Ebenfalls nimmt das Al/Ca–Verhältnis weiter ab. Die berechneten Datenpunkte befinden sich vermehrt zwischen den Elementverhältnissen der reinen C–S–H–Phasen und Kuzelschem Salz bzw. Trichloridhydrat.

Insgesamt verschiebt sich der horizontale Schwerpunkt der berechneten Datenpunkte von relativ hohen Cl/Ca–Verhältnissen in den oberflächennahen Bereiche zu geringen Verhältnissen.

Die Phasenidentifizierung mittels SyXRD ergab für das sulfatgeschädigte

4 Ergebnisse

Probenmaterial mit dem Zusatzstoff Hüttensand nach sechs Monaten in einer Sulfatlösung Ettringitanteile über den gesamtem untersuchten Profilbereich (s. Abb. 4.17). Zwischen einer Profiltiefe von 240 μm und 730 μm wurden hohe Gipsanteile und unterhalb von 730 μm Gips als Nebenphasen gleichzeitig mit Portlandit aufgefunden.

Innerhalb des chloridgeschädigten Probenmaterials wurde über den gesamten untersuchten Profilbereich Kalzit identifiziert. Unterhalb einer Profiltiefe von 390 μm wurden Friedelsches Salz und AFm–Mischkristallphasen bis zu der maximal untersuchten Profiltiefe gefunden. Portlandit konnte erst unterhalb einer Profiltiefe von 2060 μm gleichzeitig mit den sekundär gebildeten Phasen nachgewiesen werden.

Die EDX–Ergebnisse der Untersuchungen des sulfatgeschädigten Probenmaterials zeigen innerhalb des Oberflächenbereiches hohe S/Ca–Verhältnisse. Der überwiegende Anteil der berechneten Datenpunkte befindet sich nah den Verbindunglinien zwischen den Elementverhältnissen der reinen C–S–H–Phasen und Ettringit bzw. Monosulfat (s. Abb. 4.17). Die horizontale Datenpunktverteilung variiert innerhalb des dargestellten Bereiches der Elementverhältnisse stark. In einer Profiltiefe von 500 μm nehmen die S/Ca–Verhältnisse leicht zu. Bis auf wenige Ausnahmen befinden sich die berechneten Datenpunkte zwischen den Verbindungslinien zwischen den Elementverhältnissen der reinen C–S–H–Phasen und Monosulfat und Ettringit. Die horizontale Verteilung der Datenpunkte ändert sich relativ zum Oberflächenbereich nicht. Bei einer Profiltiefe von zwei mm nehmen die S/Ca– und Al/Ca–Verhältnisse ab, und die berechneten Datenpunkte liegen leicht über der Verbindungslinie zwischen den reinen C–S–H–Phasen und Monosulfat. Die horizontale Verteilung der Datenpunkte hat in Richtung der Elementverhältnisse der reinen C–S–H–Phasen zugenommen. Dennoch sind einzelne Datenpunkte zu erkennen, deren Al/Ca–Verhältnisse der Zusammensetzung von Monosulfat entsprechen.

Die Datenpunkte, berechnet aus den Ergebnissen der EDX–Untersuchungen des chloridgeschädigten Probenmaterials, zeigen für jede Profiltiefe insgesamt ähnliche Al/Ca–Verhältnisse. Die Chlorkonzentrationen in den einzelnen Profilbereichen dagegen unterscheiden sich. Die Cl/Ca–Verhältnisse sind in einer Profiltiefe von 100 μm relativ gering, so dass die Datenpunkte unterhalb der Verbindungslinie zwischen den Elementverhältnissen der reinen C–S–H–Phasen

4.2 Die letzten Sekunden eines Bauwerkes — Schädigungsmechanismen

und Kuzelschem Salz zu liegen kommen. Horizontal befinden sich die Datenpunkte am nächsten den Elementverhältnissen der reinen C–S–H–Phasen. Bei den Profiltiefen von 400 μm und einem mm nimmt das Cl/Ca–Verhältnis mit steigender Profiltiefe zu. Die Datenpunkte sind mehr verteilt und liegen ober– und unterhalb der Verbindungslinien zwischen den Elementverhältnissen der reinen C–S–H–Phasen und dem Kuzelschem Salz bzw. Trichloridhydrat. Horizontal befinden sich die berechneten Datenpunkte innerhalb des gesamten dargestellten Bereiches der Al/Ca–Verhältnisse, wobei der Schwerpunkt der Verteilung weiterhin eher nahe den Elementverhältnissen der reinen C–S–H–Phasen zu finden ist. In allen untersuchten Profiltiefen sind Datenpunkte zu beobachten, die den Elementverhältnissen von Kuzelschem oder Friedelschem Salz entsprechen.

4 Ergebnisse

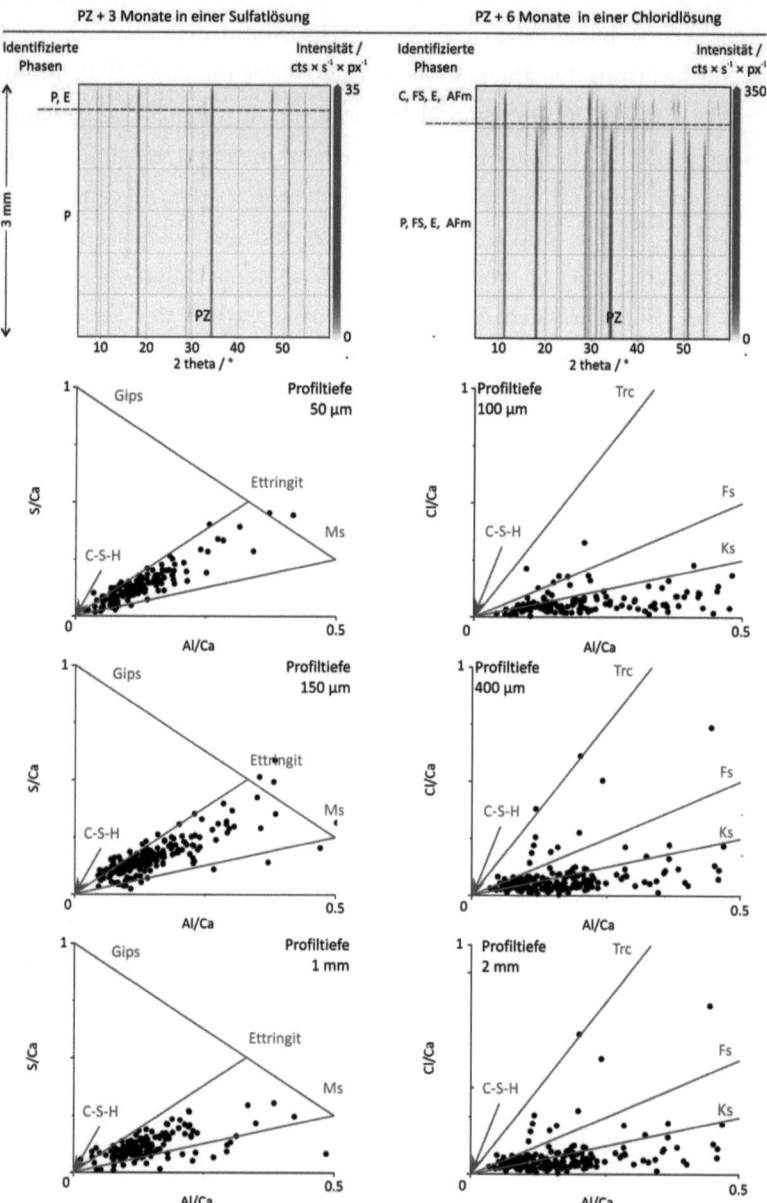

Abbildung 4.10: *SyXRD– (oben) und EDX–Ergebnisse (unten), aufgezeichnet nach drei und sechs Monaten Auslagerungszeit in einer Sulfatlösung (links) bzw. Chloridlösung (rechts). Die identifizierten Phasen sind Portlandit (P), Kalzit (C), Ettringit (E), Monokarbonat (MC), AFm–Mischkristall (AFm) und Friedelsches Salz (FS).*

4.2 Die letzten Sekunden eines Bauwerkes — Schädigungsmechanismen

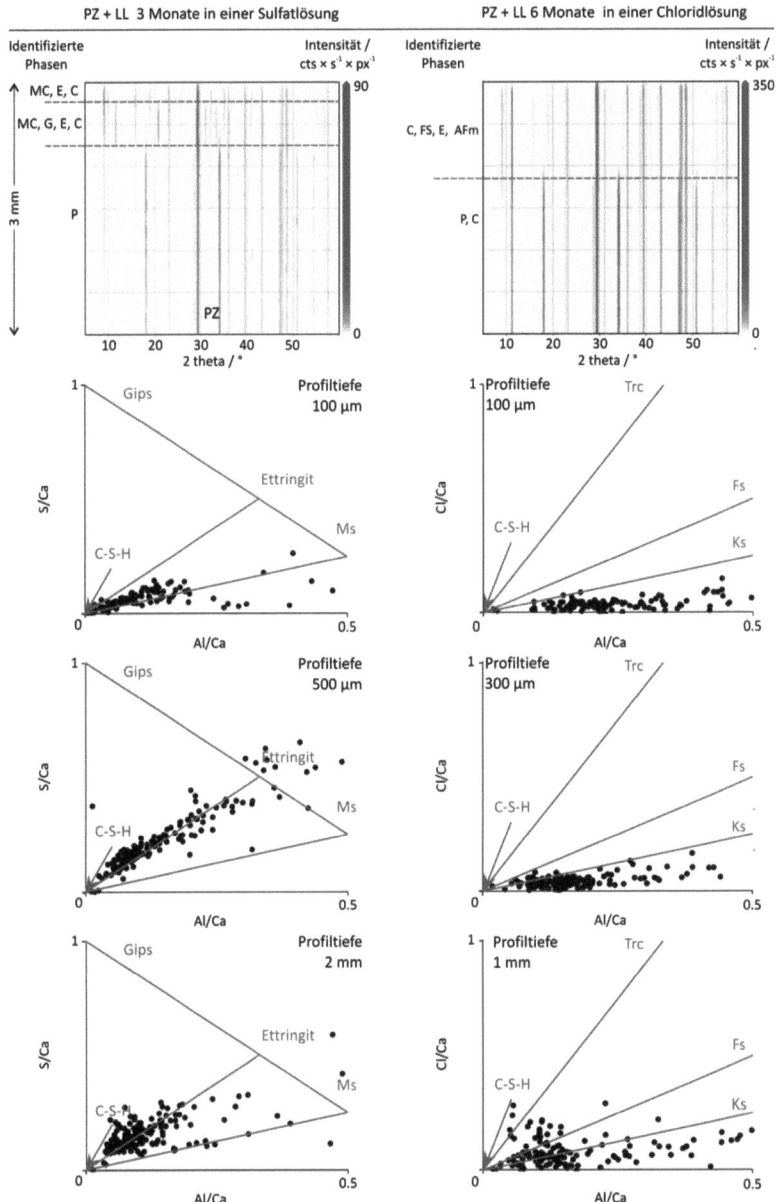

Abbildung 4.11: SyXRD– (oben) und EDX–Ergebnisse (unten), aufgezeichnet nach drei und sechs Monaten Auslagerungszeit in einer Sulfatlösung (links) bzw. Chloridlösung (rechts). Die identifizierten Phasen sind Portlandit (P), Kalzit (C), Ettringit (E), Monokarbonat (MC), AFm–Mischkristall (AFm) und Friedelsches Salz (FS).

4 Ergebnisse

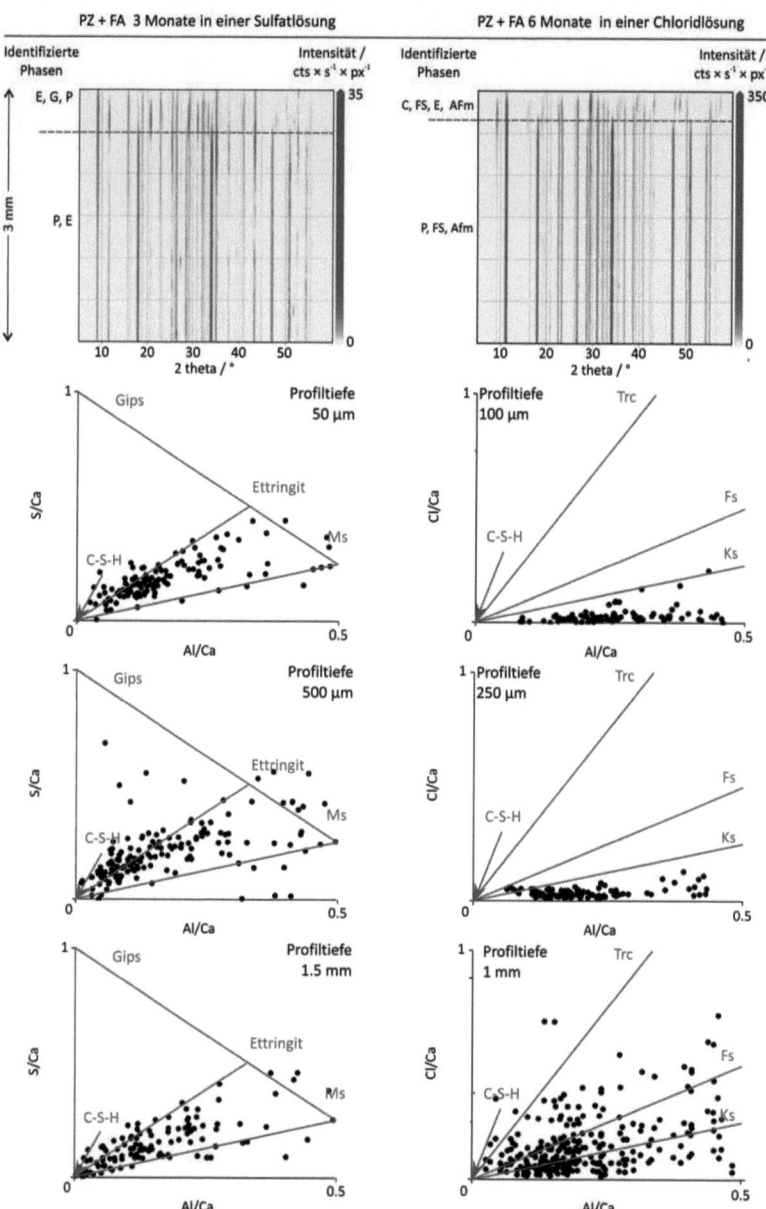

Abbildung 4.12: *SyXRD–* (oben) und *EDX–Ergebnisse* (unten), aufgezeichnet nach drei und sechs Monaten Auslagerungszeit in einer Sulfatlösung (links) bzw. Chloridlösung (rechts). Die identifizierten Phasen sind Portlandit (P), Kalzit (C), Ettringit (E), Monokarbonat (MC), AFm–Mischkristall (AFm) und Friedelsches Salz (FS).

4.2 Die letzten Sekunden eines Bauwerkes — Schädigungsmechanismen

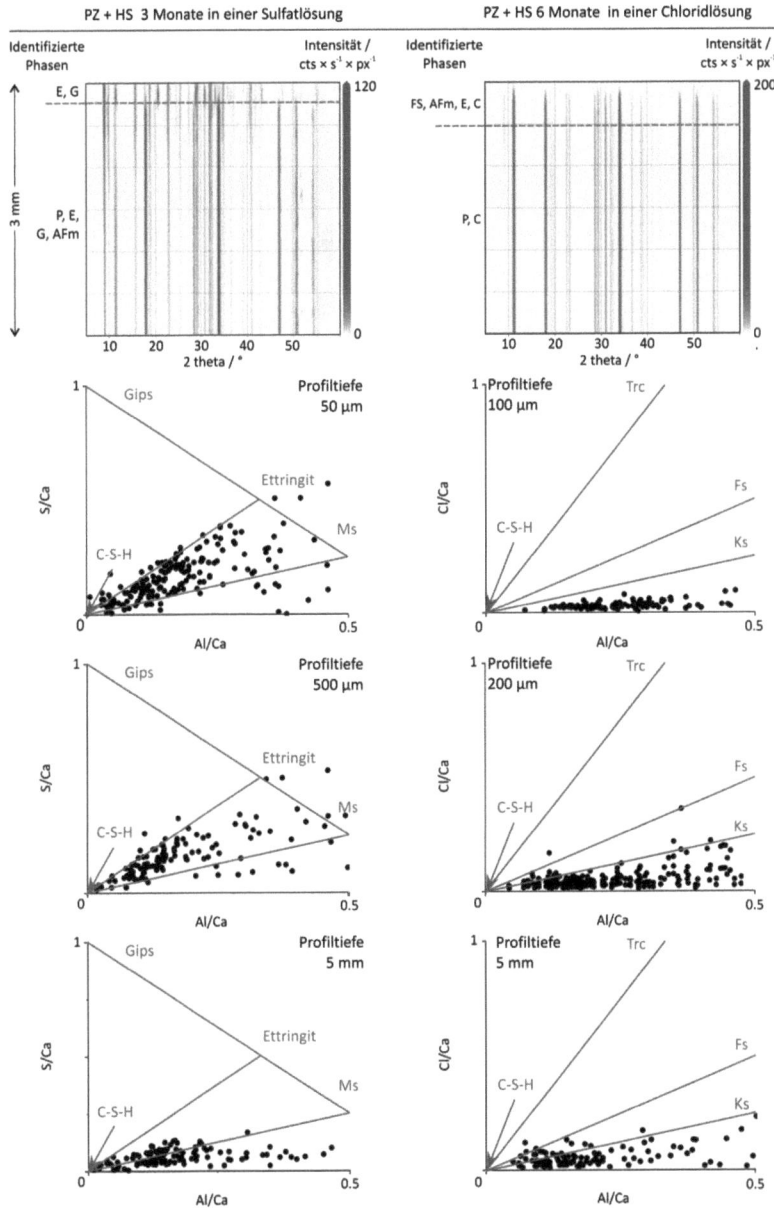

Abbildung 4.13: SyXRD– (oben) und EDX–Ergebnisse (unten), aufgezeichnet nach drei und sechs Monaten Auslagerungszeit in einer Sulfatlösung (links) bzw. Chloridlösung (rechts). Die identifizierten Phasen sind Portlandit (P), Kalzit (C), Ettringit (E), Monokarbonat (MC), AFm–Mischkristall (AFm) und Friedelsches Salz (FS).

4 Ergebnisse

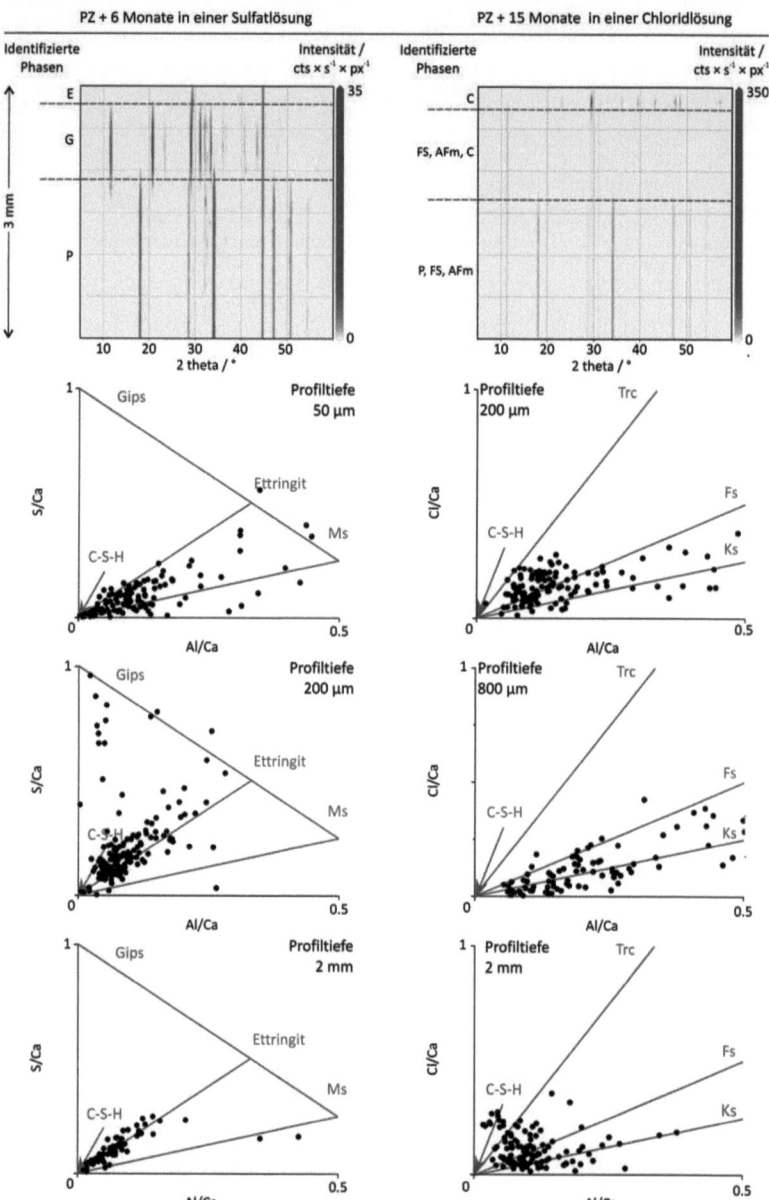

Abbildung 4.14: *SyXRD– (oben) und EDX–Ergebnisse (unten), aufgezeichnet nach sechs und 15 Monaten Auslagerungszeit in einer Sulfatlösung (links) bzw. Chloridlösung (rechts). Die identifizierten Phasen sind Portlandit (P), Kalzit (C), Ettringit (E), Monokarbonat (MC), AFm–Mischkristall (AFm) und Friedelsches Salz (FS).*

4.2 Die letzten Sekunden eines Bauwerkes — Schädigungsmechanismen

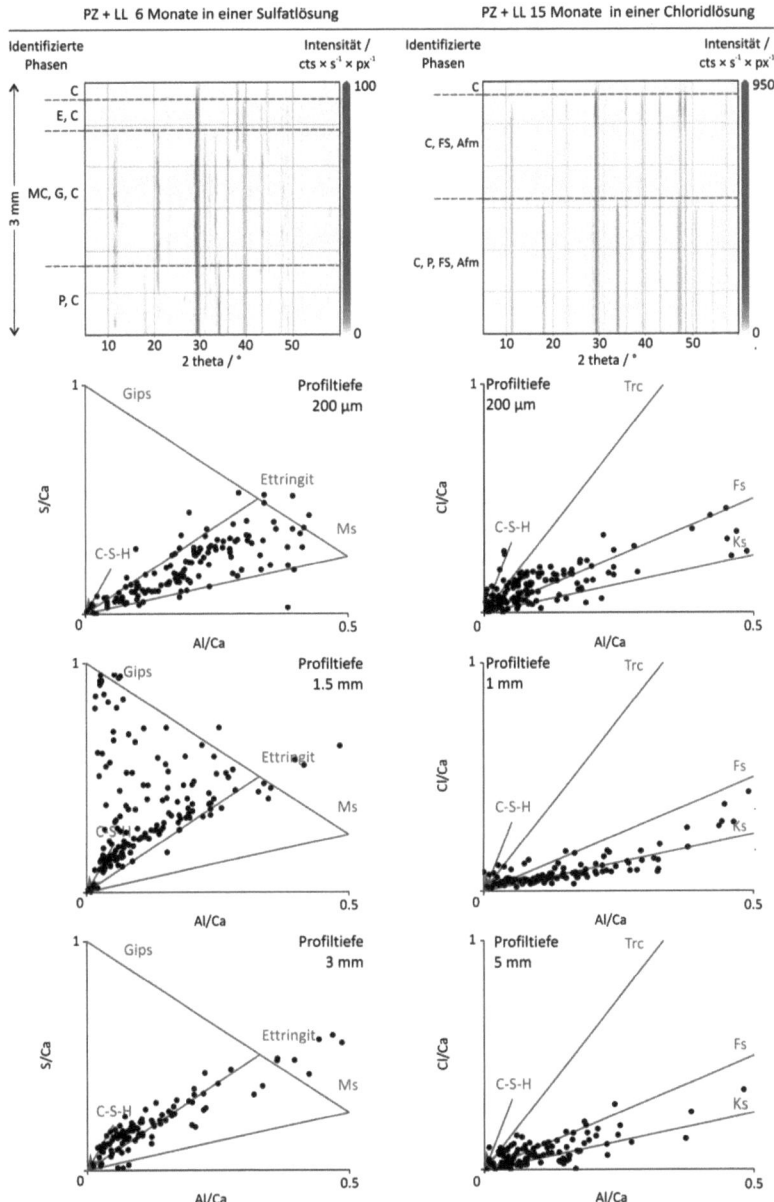

Abbildung 4.15: SyXRD- (oben) und EDX–Ergebnisse (unten), aufgezeichnet nach sechs und 15 Monaten Auslagerungszeit in einer Sulfatlösung (links) bzw. Chloridlösung (rechts). Die identifizierten Phasen sind Portlandit (P), Kalzit (C), Ettringit (E), Monokarbonat (MC), AFm–Mischkristall (AFm) und Friedelsches Salz (FS).

4 Ergebnisse

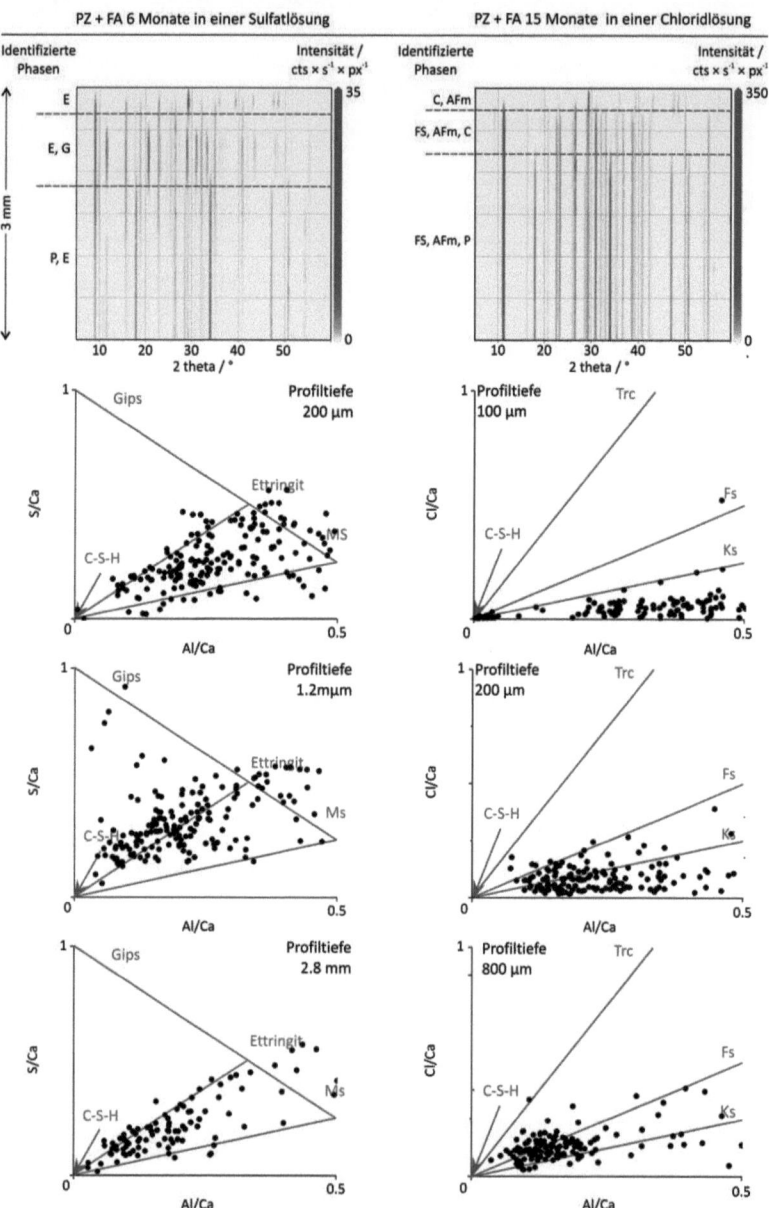

Abbildung 4.16: SyXRD– (oben) und EDX–Ergebnisse (unten), aufgezeichnet nach sechs und 15 Monaten Auslagerungszeit in einer Sulfatlösung (links) bzw. Chloridlösung (rechts). Die identifizierten Phasen sind Portlandit (P), Kalzit (C), Ettringit (E), Monokarbonat (MC), AFm–Mischkristall (AFm) und Friedelsches Salz (FS).

4.2 Die letzten Sekunden eines Bauwerkes — Schädigungsmechanismen

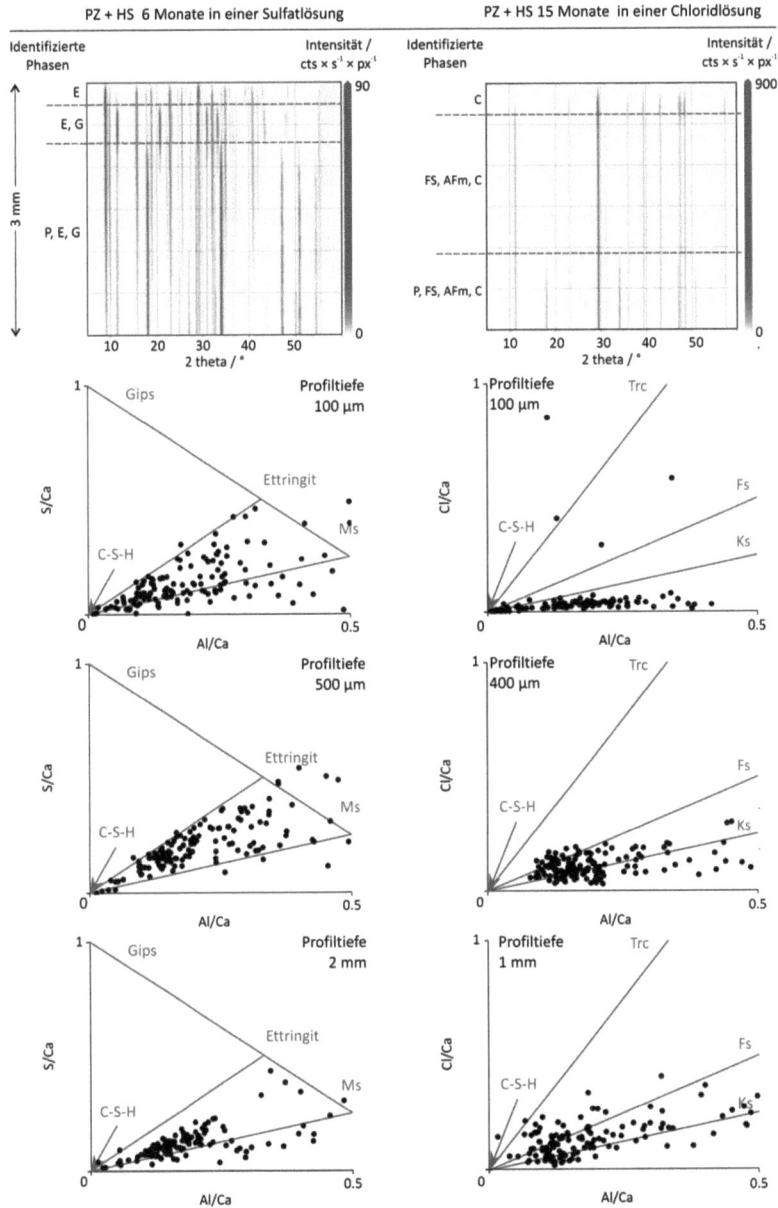

Abbildung 4.17: *SyXRD–* (oben) und *EDX–Ergebnisse* (unten), aufgezeichnet nach sechs und 15 Monaten Auslagerungszeit in einer Sulfatlösung (links) bzw. Chloridlösung (rechts). Die identifizierten Phasen sind Portlandit (P), Kalzit (C), Ettringit (E), Monokarbonat (MC), AFm–Mischkristall (AFm) und Friedelsches Salz (FS).

5 Diskussion

Die Diskussion ist in zwei wesentliche Abschnitte aufgeteilt. Zum einen widmete sie sich der Notwendigkeit der Weiter- und Neuentwicklung von Untersuchungsmethoden im Bereich der Zementanalytik. Es werden das Potential der verwendeten Methoden für die Beobachtung von Reaktionsprozessen während der Zementhydratation und der Charakterisierung von Schädigungsmechanismen diskutiert und die Methoden in Kapitel 5.1 verglichen. Anschließend soll im zweiten Teil der Diskussion der Erkenntnisgewinn aus den Ergebnissen beider Untersuchungsschwerpunkte dargestellt werden. Eine detaillierte Chrakterisierung der einzelnen Reaktionsprozesse erfolgt anschließend in Kapitel 5.2.

5.1 Die Grenzen bisheriger Röntgenbeugungsmethoden

Innerhalb dieser Arbeit wurden analytische Verfahren entwickelt und getestet. Dieses beinhaltet ebenfalls Methodenkombinationen, um aus dem Informationsgehalt einzelner Methoden ein übergreifendes Gesamtbild zu erzeugen. Im Folgenden werden die Grenzen bereits etablierter Untersuchungsmethoden aufgezeigt und die Notwendigkeit der Neu- und Weiterentwicklung sowie der Methodenkombination auf Basis der gewonnenen Daten diskutiert [94].

5.1.1 Zementklinker und Portlandzementhydratation

Zement ist weltweit einer der am häufigsten hergestellten Baustoffe. Die Weltjahresproduktion betrug innerhalb der letzten Jahre >3 Mrd. t (s. Kapitel 2)[10]. Grundlegende Prozesse, die während der Verarbeitung des Materials

5 Diskussion

ablaufen, wurden bislang nicht hinreichend untersucht. Besonders die Reaktionsprozesse, die im Verlauf des Frühstadiums der Hydratation stattfinden und entscheidend für die späteren Materialeigenschaften sind, werden vermehrt aus den Ergebnissen mechanischer Testverfahren abgeleitet, jedoch in den seltensten Fällen direkt beobachtet [9, 95, 2]. In dieser Arbeit wurden die ersten Sekunden und Minuten nach Beginn der Zementhydratation erstmalig in–situ beobachtet. Die Entwicklung des Phasenbestandes und die Wirkungsweise von alltäglich verwendeten Zusatzmitteln konnten im Detail charakterisiert werden [84]. Die einzelnen Reraktionsmechanismen werden im Folgenden diskutiert.

Die Diffraktogramme, die während der Hydratation von reinen Zementklinkerphasen aufgezeichnet wurden, zeigen insgesamt klare Unterschiede zwischen den Edukten und kristallinen Hydratationsprodukten. Die Methode und der Versuchsaufbau eignen sich für eine Betrachtung der vorschreitenden Hydratation über längere Zeiträume, jedoch nicht für eine detaillierte Charakterisierung des Hydratationsbeginns. Aus der Literatur ist bekannt, dass C_3S bereits vor dem beobachteten Zeitraum von sieben Stunden zu Portlandit reagiert [4, 3, 96]. Vermutlich liegt der Portlandit als Nebenphase mit sehr geringen Anteilen vor, so dass die phasenspezifischen Reflexe im Untergrund verschwinden. Ebenfalls ist die Präparationsmethode durch das manuelle Herstellen der Suspension und die Trocknung durch das Zumischen von Ethanol zeitlich zu ungenau, um exakte Zeitpunkte des relativ schnell ablaufenden Hydratationprozesses des C_3A einzustellen [97, 98]. Daher ist eine sehr hohe Zeitauflösung für eine Charakterisierung des Frühstadiums der Zementhydratation erforderlich. Um trotz der relativ hohen Reaktionsgeschwindigkeit unterschiedliche Hydratationsstadien erfassen zu können, ist eine Wiederholung des Experimentes unumgänglich.

Der Einsatz von Synchrotronstrahlung und einem geeignetem Detektorsystem eröffnet neue Einblicke. Die hohe Brillianz der Strahlung ermöglicht direkt nach der Zugabe des Anmachwassers eine detaillierte Aufzeichnung der Hydratation. Eine Alternative und eine in der Literatur häufig beschriebene Probenpräparation und Messstrategie ist es, die Suspension vor der Messung in einem Diffraktometer nicht zu trocknen, sondern den Zementleim direkt in einen Probenträger zu überführen und zu untersuchen [9, 95, 99]. Der überwiegende Teil der Studien, die dieses Verfahren nutzten, verwendete Röntgendiffraktometer mit Szintilationszählern oder Multikanaldetektoren. Besonders letztere führten

5.1 Die Grenzen bisheriger Röntgenbeugungsmethoden

zu einer deutlicheren Verkürzung der Messzeiten, jedoch übersteigen sie die Reaktiongeschwindigkeiten einzelner Hydratationsprozesse um ein Vielfaches. Selbst bei der Wahl eines geringen Winkelbereiches werden zu Beginn einer einzelnen Messung bei niedrigen Beugungswinkeln deutlich andere Hydratationsstadien aufgezeichnet als bei höheren Beugungswinkeln. Zusätzlich verringert sich das Probenvolumen während der Hydratation, so dass die Probenoberfläche absinkt [4, 3]. Die Probenposition muss regelmäßig nachjustiert oder die Veränderung der Position nach einer Messung rechnerisch korrigiert werden. Ohne eine Berücksichtigung des Schrumpfungsverhaltens des hydratisierenden Zementes können Reflexverschiebungen im Diffraktogramm zu einer inkorrekten Phasenidentifiezierung oder Fehlinterpretation von Netzebenabständen führen [4]. Ein weiterer Aspekt, der einer direkten Untersuchung des Zementleimes widerspricht, ist das Austrocknen des Probenmaterials, das durch das relativ große Probenvolumen/-oberflächen–Verhältnis bei der Verwendung typischer Probenträger und Messgeometrien vorliegt. Um diesem Umstand entgegenzuwirken wurden, in vorangegangenen Studien die Probenoberflächen durch Kapton– oder Mylarfolien abgedeckt [100, 99, 53, 101]. Dabei adsorbiert jedoch umgehend an der Folienunterseite unausweichlich ein relativ dünner Wasserfilm. Dieses führt zu einer lokalen Änderung des w/z–Verhältnisses. Bei geringen Beugungswinkeln liegen Eindringtiefen des Röntgenstrahls im Nano– bis Mikrometerbereich vor, so dass die Röntgenstrahlung ausschließlich mit Bereichen erhöhter w/z–Verhältnisse wechselwirkt. Weitere Nachteile der Verwendung von Diffraktometern mit Cu– oder Mo–Röntgenquellen als Strahlenquelle und Bragg–Brentano Messgeometrie liegen durch bevorzugte Kristallorientierung, Mikroabsorptionseffekte, starke Refelexüberlagerung, etc. vor. Sie sind in der Literatur detailliert beschrieben und werden nicht weiter diskutiert [53].

Aktuellere Strahlfokussiereinheiten wie Mono– und Multikapillaroptiken sowie die Verwendung von Flächendetektoren bei Laborröntgendiffraktometern ermöglichen es, die Messzeiten für einen ausreichenden Winkelbereich weit herabzusetzen. Messzeiten im Sekundenbereich sind dadurch realisierbar [102]. Die Hydratationsdynamik stellt so für die Untersuchungen mit Labordiffraktometern kein Problem da. Jedoch bleiben die oben und in Kapitel 2.2 beschriebenen Einschränkungen wie beispielsweise die Sedimentationsprozesse innerhalb des Probenträgers. Die Nachteile der Verwendung von Röntgendiffraktometern mit

5 Diskussion

üblichen Röntgenanoden als Strahlenquelle werden durch die fortschreitende technologische Entwicklung weiter verringert, sind jedoch noch vorhanden. Die Vorteile der Verwendung von Synchrotronstrahlung sind somit offensichtlich.

Die relativ hohen Reaktionsgeschwindigkeiten der reinen Zementklinkerphasen C_3S und C_3A liegen ebenfalls vor, wenn sie im Verband mit weiteren Zementklinkerphasen hydratisieren. Daher gelten die Einschränkungen von Röntgendiffraktometern mit Cu– oder Mo–Röhren als Röntgenquellen und der Nutzung von gängigen Detektorsystemen ebenfalls für die Charakterisierung der Portlandzementhydratation. Zu den oben beschriebenen Probeneffekte sind zusätzlich instrumentelle Einflüsse auf die Messsignale, beispielsweise durch die Fokussiereinheiten oder das Probenträgermaterial, vorhanden. In der Vergangenheit wurden in der Literatur sowohl die Nachteile der Verwendung von Diffraktometern mit Cu– oder Mo–Anoden als Röntgenquellen, als auch die Vorteile von Synchrotronstrahlenquellen für die Untersuchung der Portlandzementhydratation diskutiert [53, 49, 48, 52]. Für die Probenpräparation wurden ausschließlich Kapillaren als Probenträger ausgewählt. Während der Untersuchungen wurden entweder die beiden Komponenten Wasser und Zement bereits vor Beginn des Experimentes mit einander vermischt und in die Kapillare überführt oder die Kappilare mit trockenem Zement befüllt und das Wasser unter hohem Druck während des Experimentes hinzugegeben. Die erste Variante, die Hydratation zu initiieren, ermöglicht die Herstellung sehr homogener Suspensionen, da das Vermischen vor dem Experiment stattfindet. Jedoch können die ersten Sekunden und Minuten der Hydratation nicht beobachtet werden. Hydratationsprozesse mit hohen Reaktionsgeschwindigkeiten beginnen unmittelbar nach dem ersten Wasser/Zement–Kontakt und sind durch die Wahl dieser Präparationstechnik analytisch nicht zugänglich. Die zweite Möglichkeit, die Hydratation über das Einpressen von Wasser zu initiieren, erlaubt Informationen über die ersten Sekunden und Minuten der Portlandzementhydratation. Jedoch kann nicht von einer homogenen Suspension ausgegangen werden. Das geringe Volumen innerhalb der Kapillare lässt eine vollständige Durchmischung beider Komponenten nicht zu. Der w/z–Wert variiert innerhalb der Kapillare und ist stark davon abhängig, an welcher Position der Röntgenstrahl die Probe durchstrahlt. Gleichzeitig stellt dieser Wert einen der wichtigsten Parameter in der Zementchemie dar. Dieses hebt die Notwendigkeit, ihn möglichst präzise einzustellen, hervor.

5.1 Die Grenzen bisheriger Röntgenbeugungsmethoden

Portlandzement absorbiert aufgrund der Silikate und des Aluminates die Röntgenstrahlung soweit, dass gefüllte Kapillaren mit einem Durchmesser >1 mm zu wenig Photonen hindurchlassen damit eine geeignete Messzeit erreicht wird. Um dieses zu umgehen werden in der Regel Kapillaren mit einem Durchmesser von 0.1 mm oder 0.2 mm verwendet. Bei beiden Präparationstechniken, i) dem Vermischen, Homogenisieren und Überführen der Suspension vor dem Experiment oder ii) der Injektion des Wasser in die Kapillare während des Experimentes, adsorbiert ein dünner Wasserfilm an den Wänden der Kapillare. Die Dicke des Wasserfilms liegt im μm–Bereich und beträgt somit einige Prozent des Kapillardurchmessers. Die Wasseradsorption hat somit einen direkten Einfluß auf die lokalen w/z–Werte. Innerhalb der Untersuchungen dieser Arbeit ließ der Einsatz eines akustischen Levitators kontaktfreie Untersuchungen zu, bei dem jegliche Einflüsse des Probenträgermaterials auf die Kristallisationsprozesse vermieden werden können [84, 83]. Mit diesem experimentellen Aufbau ist eine detaillierte Charakterisierung der Reaktionsprozesse während der Frühphase der Zementhydratation, beispielsweise der Wirkungsweise der PCEs auf die anfängliche Ettringitkristallisation, möglich. Die Hydratationsprozesse in den ersten Sekunden und Minuten konnten innerhalb des Strahlenganges initialisiert werden. Somit waren die Prozesse vollständig und in–situ beobachtbar, ohne die beiden Komponenten vorher zu vermischen.

Der innovative Charakter dieses entwickelten analytischen Verfahrens ist eine Kombination aus der Nutzung des Potentials von hochaufgelöster SyXRD, der Verwendung eines alternativen Probenträgersystemes und vor allem der Datenprojektion. Die Aspekte werden im Folgenden zusammengefaßt und diskutiert:

- Hochaufgelöste SyXRD: Die Zeitauflösung im ms–Bereich ist wesentlich für die Betrachtung der äußerst dynamischen Reaktionsprozesse zu Beginn der Zement- hydratation. Bislang wurden jedoch ausschließlich Untersuchungen an Beamlines durchgeführt, die geringere Zeitauflösungen besitzen bzw. der Schwerpunkt der Betrachtungen auf längere Hydratationszeiträume gelegt wurden. Bislang fehlt eine detaillierte Verknüpfung zwischen der initialen Entwicklung des Phasenbestandes und der späteren Materialeigenschaften, die auf einer direkten Beobachtung beider Aspekte basiert.

- Akustische Levitation: Die Verwendung eines akutischen Levitators als ei-

5 Diskussion

nes alternativen Probenträgers ermöglicht einen direkten Zugang zu dem Probenmaterial. Dieses stellt die Grundlage für die Initiierung der Zementhydratation während des Experimentes und damit der Beobachtung des Einsetzens der Hydratation dar. Die kontaktfreien Untersuchungen umgehen ebenfalls, dass sich der w/z–Wert durch das Abscheiden eines Wasserfilmes an Probenträgerwänden oder Abdeckfolien lokal verändert. Außerdem kann durch die Verwendung einer Klimakammer die Austrocknung des Probenmaterials verwieden werden [71].

- Datenprojektion: Wie in Kapitel 4.1.1 beschrieben, entspricht durch die annähernd gleichbleibende Halbwertsbreite der Reflexe über den untersuchten Hydratationszeitraum die Reflexhöhe in erster Näherung der Reflexintensität. Dieses lässt eine alternative Betrachtung der Rohdaten parallel zur Achse die den Beugungswinkel darstellt zu. So kann, ohne zeitaufwendige Quantifizierungen durch LeBail– oder Rietveldverfeinerungen, die Entwicklung des Phasenbestandes als Funktion der Hydratationszeit im Detail charakterisiert werden [103, 50, 51]. Diese Art der Datenbetrachtung wurde bisher, unabhängig von dem untersuchten System, in der Literatur nicht beschrieben, reduziert jedoch den Zeitaufwand für die Datenauswertung auf ein Minimum [84].

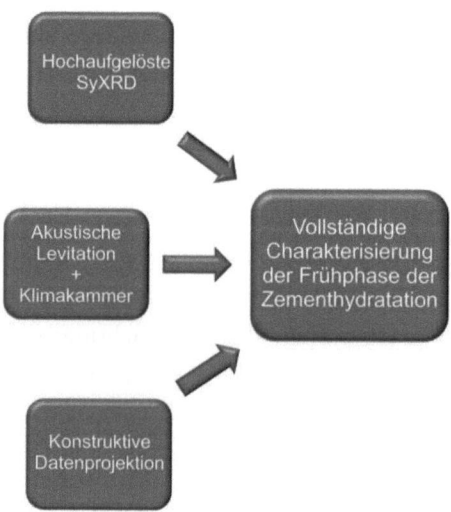

5.1.2 Lokalisierung und Identifizierung sekundär gebildeter Phasen

Die Lokalisierung der sekundären Phasen anhand der Ergebnisse der μXRF ist mit einem akzeptablen Zeitaufwand und einer ausreichenden Ortsauflösung durchführbar. Die einzelnen Konzentrationsbereiche sind klar voneinander zu unterscheiden und geben unverzichtbare Vorinformationen über die Elementverteilung innerhalb des Probenmaterials. Die Messzeiten für die Untersuchungen mit strukturaufklärenden Verfahren (μXRD bzw. SyXRD) reduzieren sich deutlich, da die Profilbereiche, in denen sich die sekundären Phasen befinden, ausreichend lokalisiert werden. Folglich können die Verfahren gezielter eingesetzt und der Phasenbestand an den Bereichen identifiziert werden, die eine abrupte Änderung des Phasenbestandes zeigen. Dadurch können Reaktionsfronten, die das Material sukzessiv durchlaufen, mit der hohen Ortsauflösung der SyXRD mit geringem Zeitaufwand detailliert untersucht und die Schädigungsmechanismen rekonstruiert werden. Ein entscheidender Vorteil dieser Art der Phasenidentifizierung ist neben der hohen Ortsauflösung der geringe Einfluß der Probenpräparation auf den Phasenbestand. In der Vergangeheit wurde das Probenmaterial für die Identifizierung der sekundären Phasen in Scheiben senkrecht zur Eindringrichtung der Auslagerungslösung zerteilt. Diese wurden anschließend zu einem Pulver verarbeitet und der Phasenbestand durch XRD–Untersuchungen an den Pulverproben bestimmt [104]. Das Gefüge des Probenmaterials wurde zwangsläufig durch den Mahlprozess zerstört, so dass sämtliche Informationen über die Verteilung der kristallinen Phasen innerhalb der Probe verloren gingen. Eine direkte Untersuchung innerhalb des Phasenbestandes, ohne einzelne Segmente aus dem Probenmaterial mechanisch zu entfernen, zu einem Pulverpräparat zu verarbeiten und damit das Gefüge zu zerstören, fehlt bislang [49, 53, 54, 62]. Ebenfalls besteht durch das intensive mechanische Einwirken auf das Probenmaterial während des Mahlprozesses die Gefahr, Gitterverzerrungen zu erzeugen oder sogar einzelne Phasen zu destabilisieren. Bei maschinellen Mahlprozessen ist das mechanische Einwirken noch größer als bei der manuellen Herstellung von Pulverpräparaten. Durch die Wärmeentwicklung ist es denkbar, dass einzelne Hydratphasen entwässern. Der identifizierte Phasenbestand unterschiede sich anschließend von dem Tatsächlichen. Eine Rekonstruktion des Phasenbestandes wäre erschwert oder unter inkorrekten An-

5 Diskussion

nahmen erfolgt.

In den hier durchgeführten ortsaufgelösten Untersuchungen erfolgte die Identifizierung des Phasenbestandes als Funktion der Profiltiefe. Mit beiden ortsaufgelösten Untersuchungsmethoden (μXRD und SyXRD) gelang es, den Phasenbestand im intakten Gefüge zu bestimmen. Außer der Präparation eines Querschnittes des Probenmaterials senkrecht zur Eindringrichtung der Auslagerungslösung, waren für beide Untersuchungsmethoden keine zusätzlichen mechanischen Präparationsschritte nötig. Die Gefahr, den Phasenbestand durch die Probenpräparation zu beeinflussen oder Phasen zu zerstören, wurde umgangen.

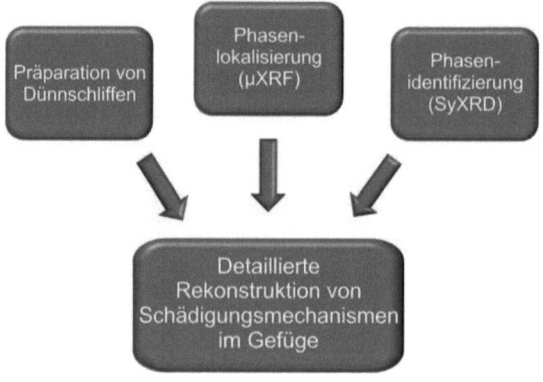

Die Identifizierung des Phasenbestandes aus den Ergebnissen der ortsaufgelösten Untersuchungen mittels μXRD ist jedoch ausschließlich in erster Näherung möglich. Es zeigen sich bei der Verwendung dieser Methode zwei Grenzen ab. Zum einen lässt die verwendete Kapillaroptik lediglich eine maximale Fokussierung des Primärstrahls auf 400 μm zu. Damit ist zwar die Ortsauflösung der oben erwähnten traditionellen Pulverbeugungsverfahren unterschritten, für eine detaillierte Charakterisierung der Änderung des Phasenbestandes ist dieses jedoch nicht ausreichend. Beispielsweise ist die Ausfällung von Ettringit innerhalb des Oberflächenbereiches der Probenmaterialien, die einem Sulfatangriff ausgesetzt waren, in den Ergebnissen der μXRD nicht sichtbar. Zum anderen zeigen die Reflexe sehr hohe Halbwertsbreiten. Eine mögliche Ursache ist die ausschließliche Verwendung einer Kapillaroptik für den Primärstrahl. Nach der Wechselwirkung mit dem Probenmaterial trifft die gebeugte Strahlung ohne weitere Fokussierung auf den Detektor. Jedoch führt die hohe Fokussierung

5.1 Die Grenzen bisheriger Röntgenbeugungsmethoden

des Primärstrahls kurz vor dem Probenmaterial zu einer hohen Strahldivergenz nach Verlassen der Kapillare und demzufolge auch der gebeugten Strahlung. Diese wird anschließend über einen weiteren Winkelbereich detektiert und es können größere Halbwertsbreiten beobachtet werden. Nahe beieinander liegende Reflexe überlagern sich, wodurch sowohl eine Identifizierung als auch Quantifizierung des Phasenbestandes erschwert wird. Es kann anschließend nicht analysiert werden, ob eine einzelne Phase mit hohen Halbwertsbreiten der Reflexe vorliegt oder ob sich die Reflexe mehrerer Phasen überlagern. Ebenfalls könnte bezüglich der hoch dynamischen Prozesse im Frühstadium der Zementhydratation die Verwendung einer zusätzlichen Kapillaroptik eine deutliche Steigerung der Datenqualität bewirken. Die gebeugte Strahlung wäre besser konditioniert und damit auch der Informationsgehalt der Ergebnisse erhöht. Zusätzlich wäre die gebeugte Strahlung ebenfalls auf den Detektor fokussiert. Die Messzeiten für einen einzelnen Messschritt, und dementsprechend für die Detektion des gesamten Diffraktogrammes, würde sich verringern, da in der gleichen Zeit ein Vielfaches der Photonen auf den Detektor einfällt. Bei einer Weiterführung der Untersuchungen wäre die Installation einer zusätzlichen Kapillaroptik daher vorteilhaft. Jedoch war diese Erweiterung des experimentellen Aufbaus bei dem verwendetem Diffraktometer technisch nicht durchführbar. Bei der Identifizierung des Phasenbestandes durch die Verwendung von Synchrotronstrahlung besteht keine künstliche Verbreiterung der Halbwertsbereiten durch die verwendeten Fokussiereinheiten. Mehrere Aspekte sprechen für eine vorteilhafte Reduzierung des Strahldurchmessers. Zu einem wird der Primärstrahl relativ zur Messgeometrie der XRD sehr weit vor dem Probenmaterial durch einen Monochromator vor- und zusätzlich auf den Detektor fokussiert. Anschließend durchläuft der Röntgenstrahl mehrere Blendensysteme, die den Querschnitt zunehmend verringern. Desweiteren besitzt der Primärstrahl im Vergleich zu dem Primärstrahl der Untersuchungen mittels μXRD insgesamt eine sehr geringe Restdivergenz. Diese wird durch die Fokussierung des Primärstrahls auf den Detektor zusätzlich verringert. Grundlage für diese Art der Fokussierung ist die hohe Brillanz der Synchrotronstrahlung. Ohne sie wäre der Photonenfluss nach Durchlaufen eines Monochromator- und Blendensystems zu gering, um akzeptable Messzeiten zu gewährleisten. Die Phasenidentifizierung der SyXRD-Ergebnisse sind nicht durch Reflexüberlagerungen eingeschränkt, sondern eindeutig [39]. Die identifizierten Phasen wurden durch die Ergebnisse der EDX–Untersuchungen bestätigt und unterstreichen die Effizienz des entwickelten analytischen Verfahrens. Lediglich in größeren Profiltiefen zeigten einige Proben erhöhte Schwefel– und Chlorkonzentrationen, obwohl durch das strukturklärende Verfahren der SyXRD innerhalb dieser Profiltiefen keine sekundär gebildeten Phasen identifziert wurden. In diesen Profilbereichen sind die berechneten Datenpunkte aus den Ergebnisse der EDX–Untersuchungen tendenziell nah an den Elementverhältnissen der reinen C–S–H–Phasen. Dieses deutet auf relativ geringe Anteile und auf das Vorhandensein der sekundären Phasen als Nebenphasen (<2 Gew%) hin. Deren Identifizierung durch Röntgenbeugungsmethoden ist nicht durchführbar. Die AFm–Phase Monosulfat konnte in keinem der Probenmaterialien identifiziert werden, die einem Sulfatangriff ausgesetzt waren. Ebenfalls ergab die Phasenidentifizierung bei den Materialien, die einem Chloridangriff ausgesetzt waren, in keiner Profiltiefe das Vorhandensein der berechneten Kristallstrukturen des Trikarbonats und –chloridhydrats. Beide Aspekte sind nicht auf instrumentelle Einschränkungen zurückzuführen und werden in Kapitel 5.2.2 thematisiert.

5.2 Die ersten und letzten Sekunden im Leben eines Bauwerkes

Innerhalb dieses Kapitels wird detailliert auf die Reaktionsprozesse eingegangen, die bei beiden Schwerpunkten dieser Arbeit im Vordergrund standen: Die Entwicklung des Phasenbestandes zum einen während des Frühstadiums der Zementhydratation und zum anderen durch das Einsetzen von Schädigungsmechanismen.

5.2.1 Das Frühstadium der Zementhydratation

Die Hydratation des Portlandzementes wurde während des Experimentes initiiert, und die Hydratationsprozesse mit einer Zeitauflösung im Millisekundenbereich in–situ beobachtet. Die SyXRD–Experimente ermöglichen eine direkte Beobachtung der Kristallisationsprozesse während des Frühstadiums der Zementhydratation. Um die Entwicklung des Phasenbestandes aktiv zu beeinflussen, wurden dem System verschiedene organische Zusatzmittel (PCEs) hinzugefügt (s. Kap. 3.1). Durch die hohe Zeitauflösung der SyXRD konnte die Einflüsse der PCEs direkt beobachtet werden. Die Variation der Probenposition und die dadurch einhergehenden Schwankungen der Reflexintensitäten erfordern eine ausreichende Anzahl an Messungen, um eine aussagekräftige Mittelung der Intensitätszunahme zu erhalten (s. Kap. 4.1.2). Die verwendeten organischen Additive sind besonders in den ersten Minuten der Hydratation wirkungsvoll und beeinflussen damit direkt die Fließeigenschaften des Zementleimes. Die Änderung der Hydratationscharakteristik während der Reaktion des C_3A mit SO_4^{2-} zu Ettringit ist eindeutig dem Einwirken eines der verwendeten PCEs zuzuschreiben. Die Adsorption des PCE an den C_3A–Oberflächen und die dadurch gehemmte Wechselwirkung des SO_4^{2-} mit dem C_3A ist deutlich an der Entwicklung der Reflexintensitäten sichtbar. Je höher die Ladungsdichte des PCE, desto länger steigt die beobachtete Ettringit (100)–Reflexintensität exponentiell an bzw. später setzt die lineare Zunahme ein (s. Kap. 4.1.2). Aus der Entwicklung der Ettringitreflexintensität lässt sich ein Modell für die Wirkungsweise des Fließmittels erstellen. Unmittelbar nach dem Wasser/Zement–Kontakt adsorbiert das PCE an der Oberfläche des C_3A, wodurch die Ettringitkristallisation stark eingeschränkt wird (s. Kap. 2.1). Bereits während der Adsorption wird das PCE durch SO_4^{2-} aus der Porenlösung ersetzt. Es entsteht ein Gleichgewicht zwischen Polymeradsorption und –resorption, das zu einem linearen Anstieg der Reflexintensitäten führt. Dementsprechend unterdrückt ein PCE mit einer hohen Ladungsdichte die anfängliche Ettringitkristallisation über einen längeren Zeitraum und der Gleichgewichtszustand setzt später ein. Der erhöhte Untergrundbeitrag geht auf diesen und den Effekt zurück, dass mehr freies Wasser im System zurückbleibt. Insgesamt resultiert die Veränderung des Hydratationsverhaltens aus der Ad– und Resorption des Polymers an der Oberfläche des Aluminates und die daraus einhergehende Einschränkung der Reaktion zwischen der Zementklinkerphase und dem Sulfat aus der Porenlösung. Zusammenfassend konnten zwei wesentliche Wirkungen des verwendeten Zusatzmittels auf die Hydratationscharakteristik des Zementes beobachtet werden. Die Reaktion des C_3A mit Sulfat aus der Porenlösung zu Ettringit ist kurzfristig unterdrückt (s. Kap 2.1). Nach der Adsorbtion an den C_3A–Oberflächen wird das PCE fortwährend durch Sulfationen aus der Porenlösung ersetzt, und die hydratationsverzö-

5 Diskussion

gernde Wirkung des PCE nimmt ab. Das Hydratationsverhalten der Proben ist durch die unterschiedliche Ladungsdichte des PCE gesteuert (s. Abb. 5.1). Bei reinem PZ reagiert das C_3A als Funktion der verbliebenen Sulfatkonzentration in der Porenlösung. Daraus resultiert eine starke anfängliche Ettringitbildung mit einen zunehmendem Anteil bei voranschreitender Hydratation. Ein Maximum der initiellen Ettringitkristallisation ist nach einem Hydratationszeitraum von 7 min annähernd erreicht. Die Ettringitbildung bei dem PZ mit PCE ist eine Funktion der Sulfatkonzentration und der Ladungsdichte des Polymers. Die Ettringitkristallisation ist gehemmt und ein Maximum der Reflexintensitäten ist bei keinem der drei PCEs innerhalb des Hydratationszeitraumes zu beobachten. Durch die verringerte Ettringitkristallisation wird zusätzlich weniger freies Wasser während des Frühstadiums der Zementhydratation verbraucht und es steht für Hydratationsprozesse mit geringeren Reaktionsraten länger zur Verfügung. Gleichzeitig bleibt der Zementleim durch den erhöhten Anteil an freiem Wasser länger niedrigviskos.

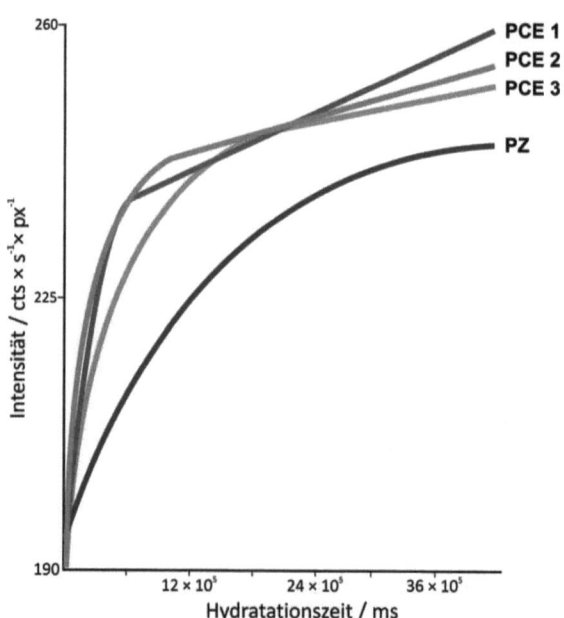

Abbildung 5.1: *Die Entwicklung des (100)–Ettringitreflexes als Funktion der Hydratationszeit. Die gemittelte Zunahme der Reflexintensität ist für einen PZ in Schwarz, PZ mit PCE 1 in Blau, PZ mit PCE 2 in Rot und PZ mit PCE 3 in Grün dargestellt (vgl. 4.1.2)*

5.2 Die ersten und letzten Sekunden im Leben eines Bauwerkes

Die Dispergierungseffekte des PCE konnten erstmals als Funktion der Ladungsdichte beschrieben werden, während in der Literatur vorwiegend die ζ–Potentiale der Zementklinkerphasen als Erklärung herangezogen werden [105, 106, 107]. Dieses gelang durch eine direkte Beobachtung der Kristallisationprozesses, anstatt die Entwicklung des Phasenbestandes aus den Fließeigenschaften abzuleiten [84]. Auf Basis der Literaturdaten und der eigenen Ergebnisse ist der Dispergierungseffekt des PCE durch das Zusammenspiel folgender Prozesse zu beschreiben:

Durch (i) die primäre PCE–Adsortion an den C_3A–Oberflächen sind die Zementpartikeloberflächen insgesamt gleich geladen. Die Suspension wird durch sterische Repulsion der gleichgeladenen Partikeloberflächen stabilisiert. Aus der (ii) verringerten Kristallisation des Ettringits resultiert ein erhöhter Anteil an freiem Wasser in der Suspension und die Viskosität nimmt in den ersten Minuten der Hydratation langsamer ab. Die (iii) Ladungsdichte des PCE ist entscheidend für den Zeitraum der anfänglichen Hemmung der Ettringitkristallisation und die anschließende Verringerung der Reaktionsrate zwischen den Sulfationen und dem C_3A.

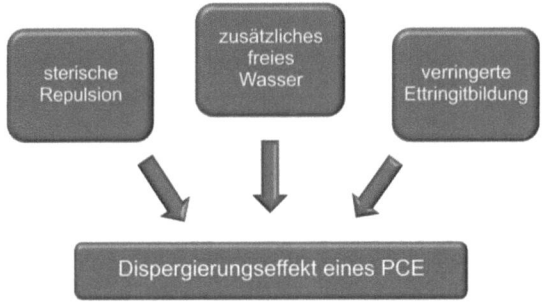

5.2.2 Degradation der Zementmatrix

Verschiedene Probenkörper aus dem Bindemittel Zement wurden über unterschiedliche Zeiträume in einer Sulfat– oder Chloridlösung ausgelagert (s. Kap. 3.1). Dieses diente der Simulation der schädigenden Wechselwirkung von Bauwerken mit ihren Umgebungsbedingungen, wie beispielsweise sulfathaltigen Gewässern oder dem Kontakt mit Meerwasser (s. Kap. 2.1). Im Folgenden wird

5 Diskussion

die Änderung des Phasenbestandes (s. Kap. 4.2) durch das Einwirken der verwendeten Lösungen über unterschiedliche Zeiträume diskutiert.

Die Erhöhung der Schwefel- bzw. Chloridkonzentration über die Konzentration eines intakten Zementsteines ist auf eine Veränderung des Phasenbestandes durch das Eindringen der Auslagerungslösung und Initiierung von Schädigungsmechanismen bei beiden äußeren Angriffen zurückzuführen. Die eingedrungene Lösung initialisiert die Kristallisation von schwefel- bzw. chlorhaltigen sekundären Phasen innerhalb der Zementmatrix. Die Zonierung der Schwefelkonzentration parallel zur der Probenoberfläche ist ein Indikator für homogen ablaufende Diffusionsprozesse senkrecht zur Probenoberfläche. Die Zonierung der Chloridkonzentration zwischen dem Oberflächenbereich und dem Bereich, in dem Rissbildungen erkannt wurden, liegen ebenfalls parallel zur Probenoberfläche. So können die Konzentrationsänderungen innerhalb der Zonierung als Reaktionsfronten betrachtet werden, die sukzessiv das Probenmaterial durchlaufen. Die Lokalisierung der Reaktionsfronten über die elementspezifische Konzentrationsverteilung lässt dementsprechend eine Gegenüberstellung der Diffusions- und Kristallisationsgeschwindigkeiten zu.

Der erhöhte Konzentrationsbereich an den Oberflächen der Probenkörper beider äußeren Angriffe spricht für einen schneller ablaufenden Diffusionsprozess im Vergleich zu der oberflächennahen Kristallisation der sekundär gebildeten Phasen. Daher repräsentieren die hochkonzentrierten Bereiche die Profiltiefen, in denen die sekundären Phasen bereits ausgefallen sind. Die höher konzentrierten Bereiche zeigen die Eindringtiefe der jeweiligen Auslagerungslösung und die niedrigkonzentrierten Bereiche das intakte Gefüge. Das Probenmaterial, das dem Chloridangriff ausgesetzt war, zeigt über den gesamten untersuchten Profilbereich erhöhte Chlorkonzentrationen. Zum einem wurde das Probenmaterial während der Probenpräparation in einem Fixierungsmittel eingebettet, um ein Versagen des Probenmaterials durch die mechanischen Kräfte zu umgehen. Dieses Material enthielt sehr geringe Mengen an Chlorid und erklärt die erhöhten Chlorkonzentrationen oberhalb des Oberflächenbereiches. Die Ergebnisse der XRF-Untersuchungen zeigen zusätzlich eine erhöhte Chlorkonzentration und einen leichten Abfall der Konzentration über die gesamte untersuchte Profiltiefe. Dieses spricht für eine zusätzliche Erhöhung der Konzentration durch Diffusionsprozesse. Die Erhöhung über den gesamten Profilbereich lässt im Vergleich

5.2 Die ersten und letzten Sekunden im Leben eines Bauwerkes

zu der Diffusion des Sulfates ebenfalls einen deutlich schnelleren Transport der Cl^-–Ionen in den Porenraum vermuten. Eine beschleunigende Wirkung für den Stofftransport geht eventuell aus der ausgeprägten Rissbildung hervor, da die Wegsamkeiten für die Chloridlösung und damit die Grenzfläche zwischen Feststoff und Lösung erhöht sind. Ebenfalls zeigt die erhöhte Chlorkonzentration innerhalb der Risse oberhalb der Chlorkonzentration des Einbettmittels, dass sich auch chloridhaltige sekundäre Phasen in ihnen ausgebildet haben. Die AFm– und AFt–Phasen dienen der Rekonstruktion der Schädigungmechanismen und ermöglichen es, verschiedene Schädigungsmechanismen miteinander zu vergleichen. Aufgrund des ähnlichem Grades der Schädigungsintensität stehen der Sulfatangriff über drei Monate dem Chloridangriff über sechs Monate und der Sulfatangriff über sechs Monate dem Chloridangriff über 15 Monate gegenüber. Die Phasenidentifizierung durch die Verwendung der μXRD–Untersuchungen brachte im Vergleich zu den Ergebnissen der SyXRD keinen zusätzlichen Erkenntnisgewinn und wird daher zusammen mit den Ergebnisse der SyXRD diskutiert.

Nach einer Auslagerungszeit von drei Monaten in einer Sulfatlösung wurde in allen untersuchten Probenkörper die Ausfällung von sekundären Phasen nachgewiesen. Die Art der sekundären Phasen und die Profiltiefe der Phasenbestandsänderung sind unterschiedlich und vermutlich abhängig von dem verwendeten Zusatzstoff. Bei dem reinen Portlandzement ist sekundärer Ettringit ausschließlich innerhalb des Oberflächenbereiches und Portlandit über die gesamte untersuchte Profiltiefe identifiziert worden (s. Abb. 5.2). Das parallele Vorfinden beider Phasen innerhalb des Oberflächenbereiches zeigt, dass der Sulfatangriff bereits eingesetzt und den Phasenbestand verändert hat. Jedoch ist in keinem untersuchten Bereich die Reaktion von Portlandit mit den Sulfationen zu Ettringit, wie sie in der Literatur bei der Verwendung von Na_2SO_4 bei der Herstellung der Auslagerungslösung beschrieben wurde, abgeschlossen [31]. Die Sulfationendiffusion ist soweit vorangeschritten, dass die Konzentrationserhöhung zur Ettringitbildung führte. Dennoch wurde über die Auslagerungszeit von drei Monaten die Konzentration, bei der die zu erwartende Bildung von sekundärem Gips beginnt, mit den Untersuchungen der SyXRD im diesem Stadium der Schädigung nicht nachvollzogen. Die mittels REM–EDX ermittelten Sulfatkonzentrationen sind direkt an der Probenoberfläche erhöht und deuten

5 Diskussion

ebenfalls auf eine alleinige Entstehung des Ettringit als sekundäre Phase hin. In einer Profiltiefe von 150 μm sind sie vereinzelt höher und lassen ein Einsetzen der Gipskristallisation vermuten. In einer Profiltiefe von einem mm ist auch eine Konzentrationserhöhung oberhalb der Konzentration von Monosulfat zu beobachten. Weitere sekundäre Phasen mit einem Phasenanteil, der mit SyXRD detektierbar ist, konnten in diesen Bereichen jedoch nicht beobachtet werden. Die Phasenidentifizierung ließ keine Anteile von Monosulfat oder Katoit im Phasenbestand erkennen. Dieses spricht für ein annähernd optimales Verhältnis zwischen den C_3A–Anteilen und der Sulfatkonzentration in der Porenlösung zu Beginn der Hydratation (s. Kap. 2.1), so dass lediglich geringe Anteile dieser primären Phasen entstanden und mit der SyXRD nicht detekierbar sind.

Die Ergebnisse der Phasenidentifizierung innerhalb dieses Zementsteines dient als Referenz für die anschließende Interpretation der Wirkung der verwendeten Zusatzstoffe auf das Voranschreiten der Schädigungsmechanismen und als Vergleich zwischen den Zusatzstoffen nach dieser Auslagerungszeit. Die Identifizierung des Phasenbestandes innerhalb des Probenmaterials mit dem Zusatzstoff Kalksteinmehl ergab die Kristallisation der sekundären Phasen Ettringit und Monokarbonat nahe der Probenoberfläche sowie eine zusätzliche Gipsbildung in Profiltiefen zwischen 240 μm und 790 μm (s. Abb. 5.2). Die Identifizierung von Gips innerhalb des Oberflächenbereiches und den ersten Abschnitten des untersuchten Profils, sowie die stetige Abnahme des Ettringitanteil mit zunehmnder Profiltiefe, ist ebenfalls in der Elementverteilung der aufgenommenen EDX–Spektren sichtbar. Das Vorhandensein von Ettringit und Gips spricht für einen gekoppelten Bildungsmechanismus, der während des Schädigungsmechanismus stattfindet. Eine mögliche Erklärung für das parallele Auftreten dieser Phasen aus unterschiedlichen Phasengruppen wäre, dass im Anfangsstadium des Schädigungsmechanismus Ettringit innerhalb der gesamten Profiltiefe kristallisierte, in der ein Sulfatangriff nachgewiesen wurde (mit abnehmenden Anteil bei zunehmender Profiltiefe). Anschließend setzte durch fortschreitende Sulfationendiffusion die Kristallistion von Gips in größeren Profiltiefen ein. Währendessen sinkt die Sulfatkonzentration der Porenslösung innerhalb dieser Bereiche lokal ab. Durch Diffusion wird aus den umgebenden Bereichen die lokale Absenkung der Sulfatkonzentration wieder ausgeglichen. Gleichzeitig wird die Konzentration zwischen der Probenoberfläche und dem Bereich der Gipsbildung durch die

5.2 Die ersten und letzten Sekunden im Leben eines Bauwerkes

Diffusion neuer Sulfationen aus der Auslagerungslösung stabilisiert. Die Gipsbildung wäre damit durch einen stabilen Sulfattransport aufrechterhalten und findet bevorzugt unterhalb des Oberflächenbereiches statt.

Im reinen Zementstein ist die Gipsbildung lediglich im Ansatz und ausschließlich anhand der Ergebnisse der Röntgenspektroskoipie sichtbar. Eine mögliche Erklärung für den erhöhten Stofftransport in diesem Probenkörper ist die Verwendung von Kalksteinmehl als Zusatzstoff. Zum einen ist dass der Kalkstein leichter löslich als die Hydratphasen des Zementsteines. In der gleichen Auslagerungszeit wird damit ein größerer Anteil ausgewaschen. Die REM–Aufnahmen, die während der Röntgenspektroskopie zur Übersicht dienten, zeigen eine vertstärkte Auslaugung des Oberflächenbereiches (s. Kap. ??). Die Wegsamkeiten und damit die Grenzfläche zwischen dem Feststoff und der Lösung sind erhöht bzw. poröser. Zum anderen steht durch die Lösung des Kalksteines CO_3^{2-} als ein weiteres Ionen für die Kristallisation einer AFm–Phase, dem Monokarbonat, zur Verfügung. Die Degeneration des Zementes ist durch die Bildung einer weiteren AFm–Phase zusätzlich gesteigert. Die Identifizierung von Kalzit über den gesamten untersuchten Profilbereich geht auf das verwendete Kalksteinmehl als Zusatzstoff zurück (s. Kap. 3.1).

Die Ergebnisse der EDX–Untersuchungen bestätigen die Ergebnisse der SyXRD. Die aus den aufgenommenen Spektren berechneten Datenpunkte zeigen die gleiche räumliche Verteilung der sekundär gebildeten Phasen Ettringit und Gips. Diese Verteilung der berechneten Datenpunkte aus den Elementverhältnissen der aufgezeichneten EDX–Spektren spricht für geringe Ettringitanteile im Probenoberflächenbereich (s. Kap. 4.2.1 und 4.2.2). In einer Profiltiefe von 500 μm zeigt die gleichmäßige Verteilung der Datenpunkte auf der Verbindungslinie zwischen den Elementverhältnissen der reinen C–S–H–Phasen und Ettringit ein Vorhandensein von Ettringit. Die Verteilung der Datenpunkte in einer Profiltiefe von zwei mm sind ebenfalls auf der Verbindungslinie zwischen den reinen C–S–H–Phasen und Ettringit, liegen jedoch näher an den Elementverhältnis der reinen C–S–H–Phasen, welches auf eine leicht erhöhte Sulfatkonzentration hindeutet. Eine mögliche Erklärung wäre das Vorhandensein von Gips als Nebenphase innerhalb dieser Profiltiefe, die mittels μXRD und SyXRD–Untersuchungen nicht nachweisbar ist. Die Verteilung der berechneten Datenpunkte in größeren Profiltiefen lässt geringe Ettringitanteilen innerhalb dieser

5 Diskussion

Profiltiefenbereiche erkennen. Jedoch liegt der Ettringit als Nebenphase vor und ist dementsprechend mit der µXRD und SyXRD nicht nachweisbar.

Die Untersuchung des Probenmaterials mit dem Zusatzstoff Braunkohleflugasche zeigte im Vergleich zu dem Probenmaterial ohne Zusatzstoff ein beschleunigtes Einsetzen der Degradation. Außerdem unterscheidet sich die Phasenbestandsänderung während des Einwirkens der Sulfatlösung deutlich von der Änderung des Probenmaterials mit dem Zusatzstoff Kalksteinmehl. Über den gesamten untersuchten Profilbereich lassen sich Portlandit und Ettringit gleichzeitig und innerhalb des Oberflächenbereiches zusätzlich Gips identifizieren (s. Abb. 5.3). Eine mögliche Ursache für die ausgeprägte Ettringitbildung sind die hydraulischen Eigenschaften der Flugasche. Ihr hoher Kalziumgehalt dient als Quelle für eine nachträgliche Portlanditbildung während der Reaktion der Flugasche mit der Porenlösung. Gleichzeitig werden auch Al^{3+}–Ionen freigesetzt und verstärken die Ettringitbildung. Diffundiert die Sulfatlösung in den Porenraum des Probenmaterials, scheint die Aluminiumkozentration für eine spontane Reaktion des Portlandits mit dem Sulfat zu Ettringit ausreichend zu sein.

Das Vorhandensein von Portlandit über den gesamten untersuchten Profilbereich lässt trotz der begünstigten ersten Ettringitbildung erkennen, dass der Schädigungsmechanismus insgesamt gehemmt ist. Die Reaktion des Portlandits mit dem Sulfat zu Ettringit oder Gips ist in keinem Bereich des untersuchten Profils abgeschlossen. Die diffusionshemmende Wirkung der feinkörnigen Flugasche verlangsamt das Voranschreiten der eigentlich begünstigten Reaktion durch die Verdichtung des Porenraumes.

Die Ergebnisse der Untersuchungen mittels REM–EDX zeigen im Vergleich zu den zuvor diskutierten Probenmaterialien sehr hohe Al–Konzentrationen. Diese begünstigen die Kristallisation der AFm– und AFt–Phasen. An der Probenoberfläche ist die Sulfationendiffusion soweit vorangeschritten, dass Ettringit nicht weiter stabil ist und eine Ausbildung von Gips beginnt. In größeren Profiltiefen ist durch den Stofftransport die Sulfatkonzentration soweit erhöht, dass Ettringit entsteht. Insgesamt scheint durch die Verwendung von Flugasche als Zusatzstoff die Ausbildung von Ettringit begünstigt zu sein, wodurch weniger Sulfationen für die Gipskristallisation zur Verfügung stehen.

Der Hüttensand zeigt im Vergleich zu den anderen Zusatzstoffen ein sehr

5.2 Die ersten und letzten Sekunden im Leben eines Bauwerkes

unterschiedliches Einwirken auf die Änderung des Phasenbestandes während des Sulfatangriffes. Die Phasenidentifizierung mittels der röntgenographischen Verfahren ergab, dass die Reaktion des Portlandits zu Ettringit bzw. Gips ausschließlich von der Probenoberfläche bis in eine Profiltiefe von 240 μm erfolgte (s. Abb. 5.3). Unterhalb dieser Profiltiefe wurden neben Portlandit die sekundären Phasen Ettringit, Gips und eine AFm–Mischkristallphase als Nebenphasen identifiziert. Die jeweiligen Anteile sinken mit zunehmender Profiltiefe, so dass in einer Profiltiefe von ca. drei mm fast auschließlich Portlandit als kristalline Phase vorliegt. Eine Steigerung des Sulfatwiderstandes durch den erhöhten Diffusionswiderstand des feinkörnigen Hüttensandes ist nach Stark und Wicht [31] erst ab einem Massenanteil >60 % zu erwarten . Der geringe Profilbereich, in dem der Portlandit vollständig durch Ettringit ersetzt ist, lässt dennoch eine diffusionshemmende Wirkung des latent hydraulischen Zusatzstoffes vermuten.

Der offene Porenraum könnte während einer latent–hydraulischen Reaktion des Hüttensandes zu röntgenamorphem C–S–H verringert und dadurch die Sulfatdiffusion reduziert sein. Dieser Sachverhalt ist mit röntgenographischen Methoden nicht zu klären. Dennoch zeigen die Bilder des Gefüges (s. Abb. 4.6), die während der Untersuchungen mittels REM–EDX aufgenommen wurden, eine geringe Rissbildung und keine Auslaugung in Profiltiefen unterhalb des Oberflächenbereiches. Diese Beobachtung unterstützt demnach die Vermutung, dass eine Verringerung der Wegsamkeiten für die Sulfatlösung und durch die latente Reaktion des Hüttensandes erfolgte.

Die Ergebnisse der Untersuchungen mittels REM–EDX zeigen bis in größere Profiltiefen relativ hohe Aluminiumkonzentrationen, vergleichbar mit der aufgezeichneten Konzentration bei der Untersuchung des Probenmaterials mit Flugasche als Zusatzstoff. Die relativ hohe Aluminiumkonzentration begünstigte auch in diesem Probenmaterial eine spontane Bildung sekundärer Phasen, sobald sich auch die Sulfatkonzentration erhöht. Das Vorhandensein der AFm–Mischkristallphase kann durch die ermittelten Untersuchungsergebnisse nicht geklärt werden.

Die Proben, die einem Chloridangriff über sechs Monaten ausgesetzt waren, weisen korrespondierend zu dem untersuchten Probenmaterial, das dem Sulfatangriff über drei Monate ausgesetzt war, unterschiedliche Profiltiefen auf, an denen sich der Phasenbestand abrupt ändert.

5 Diskussion

Bei der Phasenidentifizierung des Probenmaterials ohne Zusatzstoff wurden direkt an der Probenoberfläche die vier unterschiedlichen sekundären Phasen Kalzit, Friedelsches Salz, AFm–Mischkristallphasen und eine AFt–Phase gefunden (s. Abb. 5.4). Unterhalb einer Profiltiefe von 460 µm zeigte die Identifizierung Portlandit an Stelle des Kalzits und die AFt–Phase ist nicht mehr aufzufinden. Die oberflächennahe Bildung von Kalzit geht vermutlich auf die vorranschreitende Karbonatisierung des Probenmaterials durch die Reaktion des Portlandites mit dem CO_2 aus der umgebenen Atmosphäre zurück. Die Probenkörper wurden zwar in einer N_2–gespülten Handschuhbox gelagert, waren jedoch während den einzelnen Schritten der Probenpräparation für die Herstellung der Dickschliffe dem CO_2 ausgesetzt. Die Bildung von AFm–Mischkristallphasen geht vermutlich auf eine geringe Konzentration von Sulfationen zurück, die während der Adsorbtion des Cl^- an den C–S–H–Phasen mobilisiert wurden. Die Kristallisition einer AFt–Phase kann zwei Hintergründe haben. Zum einen wäre eine Bildung von Ettringit durch eine interne Sulfatquelle denkbar und würde die identifizierten Reflexlagen erklären. Eine externe Sulfatquelle kann ausgeschlossen werden, da das Probenmaterial während der Auslagerung und Präparation keiner Sulfatquelle ausgesetzt war. Zum anderen unterscheiden sich die Reflexlagen von Ettringit gering von denen des Trichloridhydrates, so dass nicht eindeutig eine Phase identifiziert werden kann (s. Abb. 2.6 in Kap. 2.1). Bei der hohen Chlorkonzentration der Auslagerungslösung und der begrenzten Kapazität der C–S–H–Phasen, SO_4^{2-} an den Oberflächen adsorptiv zu binden, ist eine direkte Kristallisation von Trichloridhydrat wahrscheinlicher. Das Friedelsche Salz und die AFm–Mischkristallphase wurden über den gesamten Profilbereich identifiziert, ihre Anteile nehmen jedoch mit zunehmender Profiltiefe stark ab. Die berechneten Datenpunkte aus den Untersuchungen mittels REM–EDX im Oberflächenbereich und in einer Profiltiefe von 400 µm sind relativ weit getreut, befinden sich insgesamt aber nahe an der Verbindungslinie zwischen den reinen C–S–H–Phasen und dem Kuzelschem Salz. Direkt an der Probenoberfläche ist die Clorkonzentration durch die Verwendung des chlorhaltigen Fixierungsmittels zusätzlich erhöht. Erst in größeren Profiltiefen befinden sich die Datenpunkte zunehmend in Bereichen mit hohen Chlor-, jedoch geringen Aluminiumkonzentrationen. Vermutlich wurde mit zunehmender Profiltiefe die Chloridkonzentration für eine erste Bildung der sekundären Phasen nicht überschritten, und die Cl^-–Ionen werden bevorzugt an den C–S–H adsorptiv gebunden (s. Kap. 2.1)

Die Lage der Reaktionsfront und die Änderung des Phasenbestandes des Probenmaterials ohne Zusatzstoff dienen im Folgenden dem Vergleich, inwieweit der Schädigungsmechnismus durch die Verwendung eines Zusatzstoffes gehemmt oder intensiviert wird.

Die initiale Kristallisation von Friedelschem Salz und der AFm–Mischkristallphasen ist durch die Verwendung von Kalksteinmehl als Zusatzstoff innerhalb des Oberflächenbereiches begünstigt

Die Reaktionsfront befindet sich in einer Profiltiefe von 1210 μm. Damit ist die Degradation der Zementmatrix bei diesem Probenmaterial am weitesten vorangeschritten (s. Abb. 5.4). Vermutlich ist die Kristallisation der AFm–Phasen durch das Vorhandensein einer Karbonatquelle begünstigt. Es bilden sich parallel zu den Chloridphasen weitere AFm–Phasen mit Karbonat als stabilisierendes Ion in den Zwischenschichtbereichen der Kristallstrukturen. Anschließend steht eine weitere Phase zur Verfügung, die bei einer hohen Chloridkonzentration Karbonationen gegen das Cl^-–Ionen austauscht und damit die Bildung des Friedelschem Salzes und der AFm–Mischkristallphasen begünstigt.

Im Gegensatz zu der oberflächennahen Beschleunigung durch die Verwendung von Kalksteinmehl als Zusatzstoff scheint die Kristallisation der sekundären Phasen in größeren Profiltiefen gehemmt zu sein. Unterhalb einer Profiltiefe von 1210 μm wurden keine sekundären Phasen identifiziert. Eine mögliche Erklärung wäre eine starke Einschränkung das Stofftransportes durch die intensive Kristallisation der sekundären Phasen innerhalb des Oberflächenbereiches. Die Identifizierung von Portlandit läßt vermuten, dass neben der Chloriddiffusion ebenfalls die CO_2–Diffusion durch die Kristallisation der sekundären Phasen im Porenraum des Oberflächenbereiches gehemmt ist. Über das Fortschreiten der Karbonatisierung des Probenmaterials kann anhand des verwendeten Zusatzstoffes Kalksteinmehl keine klare Aussage getroffen werden. Zwar nimmt der Kalzitgehalt mit zunehmender Profiltiefe leicht ab und indiziert damit eine Erhöhung des Kalzitgehaltes durch eine Karbonatisierung, dennoch lässt sich anhand der Daten keine maximale Eindringtiefe des CO_2 aus der umgebenden Atmosphäre in den untersuchten Profilbereich identifizieren. Die aufgenommenen EDX–Spektren zeigen direkt an der Oberfläche erhöhte Chlorkonzentrationen, die vermutlich auf das chlorhaltige Fixierungsmittel zurückgehen, denn in einer Profiltiefe von 300 μm sind deutlich geringere Konzentrationen festgestellt wurden. In einer Profiltiefe von einem mm bleibt die Aluminiumkonzentration annähernd gleich, die Chlorkonzentration ist jedoch höher. Da unter Verwendung der SyXRD keine sekundären Phasen identifiziert wurden, sind die Cl^-–Ionen vermutlich adsorptiv an den C–S–H–Phasen gebunden und die kritische Konzentration, bei der die Kristallisation der sekundären Phasen einsetzt, wurde bislang nicht erreicht. Einige der berechneten Datenpunkte zeigen gleichzeitig hohe Chlor- als auch Aluminiumkonzentrationen und lassen vereinzelt sekundär gebildete Chloridphasen vermuten, deren Anteile jedoch zu gering sind, um durch die SyXRD identifiziert zu werden.

Im Vergleich zu den Proben ohne Zusatzstoff zeigen die Proben mit Flugasche eine Änderung des Phasenbestandes in einer geringeren Profiltiefe. Kalzit, Friedelsches Salz und AFm–Mischkristallphasen wurden im Oberflächenbereich sowie unterhalb einer Profiltiefe von 360 μm Portlandit an Stelle von Kalzit identifiziert (s. Abb. 5.5).

Das relativ langsame Voranschreiten der Karbonatisierung lässt vermuten, dass der feinkörnige, hydraulische Zusatzstoff die CO_2–Diffusion reduziert. Die Hemmung der Karbonatisierung steht im Gegensatz zu der Kristallisation der sekundären Phasen über den gesamten untersuchten Profilbereich. Vergleichbar zu der bevorzugten Kristallisation von Ettringit bei einem Sulfatangriff scheint der Aluminiumgehalt der Flugasche auch bei dem Chloridangriff die Kristallisation der sekundären Phasen zu begünstigen.

Die erhöhten Aluminiumgehalte konnten ebenfalls durch die Ergebnisse der Untersuchungen mittels REM–EDX in allen untersuchten Profiltiefen nachvollzogen werden. Die Chlorkonzentration ist in größeren Profiltiefen am höchsten und unterstützt damit die Vermutung einer bevorzugten Kristallisation der AFm–Phasen durch die Flugasche als Aluminiumquelle. Die geringeren Anteile der AFm–Phasen im Oberflächenbereich könnten auf ein Auswaschen der Probenoberfläche durch die Auslagerungslösung zurückzuführen sein, d. h., die Interaktion des Probenmaterials mit der aluminiumarmen Auslagerungslösung über eine Auslagerungszeit von sechs Monaten führte zu einer Senkung der Aluminiumkonzentration im Oberflächenbereich. Dadurch wurde die Kristallisaton der AFm–Phasen nicht durch den hohen Aluminiumgehalt der Flugasche

5.2 Die ersten und letzten Sekunden im Leben eines Bauwerkes

begünstigt.

Nach einer Auslagerungszeit von sechs Monaten in der Chloridlösung zeigt das Probenmaterial mit dem Zusatzstoff Hüttensand im Vergleich zu den anderen Probenmaterialien die geringste Schädigung. Zwar wurde die Reaktionsfront im Vergleich zu dem Probenmaterial mit dem Zusatzstoff Flugasche in einer Profiltiefe von 530 μm und damit in einer größeren Profiltiefe aufgefunden (s. Abb. 5.5). Jedoch wurde unterhalb dieser Profiltiefe ausschließlich Kalzit als kristalline Phase identifiziert.

Eine mögliche Erklärung für die Hemmung des Schädigungsmechanismusses durch den Zusatzstoff wäre ähnlich der Hemmung des Sulfatangriffes durch die latent hydraulische Reaktion des Hüttensandes. Die Identifizierung des Kalzits über den gesamten untersuchten Profilbereich geht vermutlich, im Vergleich zu den anderen Probenmaterialien, auf eine intensivere Wechselwirkung des Probenmaterials mit dem CO_2 aus der Umgebungsluft während der Probenpräparation zurück. Die hohe Ca^{2+}–Konzentration würde eine latente Reaktion von Portlandit und eine damit einhergehende intensivere Karbonatisierung des Probenmaterials erklären.

Die Ergebnisse der Untersuchungen mittels REM–EDX zeigen zudem die geringsten Chlorkonzentrationen. Einige der berechneten Datenpunkte zeigen sowohl Chlorid– als auch Aluminiumkonzentrationen, die einzelne sekundär gebildeten Chloridphasen vermuten lassen, dennoch sind die Anteile für eine Identifizierung unter Nutzung der SyXRD zu gering.

Insgesamt konnten sowohl bei dem Sulfat– als auch bei dem Chloridangriff nur bei dem Material mit dem Zusatzstoff Kalksteinmehl zwei Reaktionsfronten innerhalb der gesamten untersuchten Profiltiefe identifiziert werden. Das Kalksteinmehl zeigt im Vergleich zu den anderen Proben eine beschleunigende Wirkung auf beide Schädigungsmechanismen. Bei den sulfatgeschädigten Proben weist das Probenmaterial mit dem Zusatzstoff Kalksteinmehl als Zusatzstoff die intensivste Schädigung im Oberflächenbereich auf, vergleichbar mit der Schädigung des Probenmaterials durch den Chloridangriff. Der Hüttensand verlangsamt das Voranschreiten des jeweiligen Schädigungsmechanismusses, vermutlich durch eine latent hydraulische Reaktion und eine dadurch einhergehende Verdichtung des Porenraumes, am effektivsten. Nach einer Auslagerungszeit von sechs Monaten in einer Sulfatlösung ergab die Phasenidentifizierung zwei Pro-

5 Diskussion

filtiefen, in denen sich der Phasenbestand abrupt ändert.

Die sekundäre Phase Ettringit tritt nicht mehr parallel mit dem Portlandit auf, sondern die Phasen sind in verschiedenen Profiltiefen getrennt voneinander aufzufinden (s. Abb. 5.6). Direkt an der Oberfläche befindet sich Ettringit, ab einer Profiltiefe von 220 μm Gips und unterhalb von 1210 μm Portlandit. Eine mögliche Erklärung wäre die örtliche Trennung der Phasen durch die Ausbildung unterschiedlicher Stabilitätsbereiche innerhalb des untersuchten Profils. Wie bereits bei dem Probenmaterial mit dem Zusatzstoff Kalksteinmehl nach einer Auslagerungszeit von drei Monaten in der Sulfatlösung wurde vermutet, dass ein anfängliches paralleles Auffinden beider sekundärer Phasen auf eine Ettringitbildung über die gesamte untersuchte Profiltiefe zurückgeht. Anschließend setzte durch fortschreitende Sulfationendiffusion die Kristallisation von Gips in größeren Profiltiefen ein. Währenddessen sank die Sulfatkonzentration der Porenslösung innerhalb dieser Bereiche lokal ab. Durch Diffusion von Sulfationen aus der angrenzenden Auslagerungslösung in den Oberflächenbereich und in die umgebenen Bereiche, wird die lokale Absenkung der Sulfatkonzentration wieder ausgeglichen. Dieser Ausgleich hat sich vermutlich fortgesetzt und zu der örtlichen Trennung beider Phasen als Funktion der Sulfatkonzentration geführt.

Die REM–EDX–Untersuchungen zeigen in allen untersuchten Profiltiefen eine deutliche Erhöhung der Schwefelkonzentration. In einer Profiltiefe von 200 μm befindet sich der überwiegende Anteil der Datenpunkte im Feld, das zwischen den reinen C–S–H–Phasen, Ettringit und Gips aufgespannt wird. Die Aluminiumgehalte bleiben hingegen in allen Profiltiefen annähernd gleich. Dieses spricht für eine schwefelkonzentrationsabhängige Umwandlung des anfänglich kristallisierten Ettringits zu Gips, so dass die kritische Sulfatkonzentration in weiteren Bereichen des untersuchten Profils zunehmend überschritten ist.

Das Probenmaterial mit dem Zusatzstoff Kalksteinmehl zeigt nach einer Auslagerungszeit von sechs Monaten in der Sulfatlösung den intensivsten Grad der Degradation der Zementmatrix. Die sekundären Phasen sind bis in eine Profiltiefe von 2210 μm identifiziert worden (s. Abb. 5.6). Im Vergleich zu dem Probenmaterial ohne Zusatzstoff liegen innerhalb der identifizierten Bereiche mit unterschiedlichem Phasenbestand Ettringit und Gips getrennt voneinander vor. Die Kristallisation der schwefelhaltigen sekundären Phasen wird

5.2 Die ersten und letzten Sekunden im Leben eines Bauwerkes

durch das Monokarbonat fortwährend begünstigt. Die aufgenommenen EDX–Spektren weisen die höchsten Schwefelkonzentrationen aller untersuchten Proben auf. In einer Profiltiefe von 150 μm befinden sich mit wenigen Ausnahmen die Datenpunkte im Konzentrationsfeld, das von den reinen C–S–H–Phasen, Ettringit und Gips aufgespannt wird. In größeren Profiltiefen lässt die Verteilung der berechneten Datenpunkte Ettringit bzw. Monosulfatanteile erkennen, die als Nebenphasen vorliegen und durch die Untersuchungen mittels μXRD und SyXRD nicht nachgewiesen werden können. Das Vorhandensein des Kalzits geht wiederum auf das Kalksteinmehl als Zusatzstoff und nicht auf eine intensive Karbonatisierung des Probenmaterials zurück.

Innerhalb des Probenmaterials mit Flugasche als Zusatzstoff liegen Ettringit und Gips in dem Profiltiefenbereich zwischen 410 μm und 1100 μm parallel vor (s. Abb. 5.7). Ettringit wurde über den gesamten untersuchten Profilbereich identifiziert. Die beschleunigende Wirkung des Aluminiumgehaltes in der Flugasche scheint die erste Kristallisation des Ettringits verursacht, jedoch nach sechs Monaten Auslagerungszeit nicht zusätzlich begünstigt zu haben. Die Schwefel- und Aluminiumkonzentrationen sind in allen untersuchten Profiltiefen annähernd gleich geblieben oder sind lediglich leicht erhöht.

Es ist ausschließlich eine Zunahme der Datenpunkte in der Nähe der Elementverhältnisse des Gipses in einer Profiltiefe von 150 μm zu erkennen, dass die Ergebnisse der Phasenidentifizierung der μXRD und SyXRD bestätigt. Ohne einer anfänglichen Beschleunigung der Ettringitkristallisation, ähnelt der Degradationsgrad dieses Probenmaterials dem des Probenmaterials ohne Zusatzstoff.

Auch nach einer Auslagerungszeit von sechs Monaten zeigt der Hüttensand im Vergleich zu den anderen Zusatzstoffen ein deutlich anderes Einwirken auf die Änderung des Phasenbestandes während des Sulfatangriffes. Die Phasenidentifizierung ergab, dass die Reaktion des Portlandits zu Ettringit bzw. Gips nach dieser Auslagerungszeit ausschließlich bis in eine Profiltiefe von 730 μm erfolgte (s. Abb. 5.7). Unterhalb dieser Profiltiefe wurden wiederum neben Portlandit die sekundären Phasen Ettringit und Gips vorgefunden. Die Identifizierung des Phasenbestandes ergab für keinen der untersuchten Profilbereiches AFm–Phasen als sekundär vorliegende Phasen. Dieses lässt vermuten, dass trotz der diffusionshemmenden Wirkung des latent hydraulischen Hüttensandes, die

5 Diskussion

Sulfatkonzentration dennoch über die Stabilitätsbereiche der AFm–Phasen anstieg. Die REM–Aufnahmen, die während der EDX–Untersuchungen als erste Einschätzung der Schädigung dienten, zeigten wiederum eine geringe Rissbildung und Auslaugung in Profiltiefen unterhalb des Oberflächenbereiches (s. Abb. 4.6). Dieser Sachverhalt spricht ebenfalls für die Vermutung einer latent hydraulischen Reaktion des Hüttensandes.

Die Ergebnisse der Untersuchungen mittels REM–EDX zeigen in größeren Profiltiefen relativ hohe Aluminiumkonzentrationen, die mit den aufgezeichneten Konzentration bei der Untersuchung des gleichen Probenmaterials mit einer Auslagerungszeit von drei Monaten vergleichbar sind. Lediglich in einer Profiltiefe von zwei mm wurde aufgrund der voranschreitenden Sulfationendiffusion höhere Schwefelkonzentration identifiziert. Nach einer Auslagerungszeit von 15 Monaten sind zwei Reaktionsmechanismen innerhalb des Probenmaterials ohne Zusatzstoff vorangeschritten: Zum einen die Karbonatisierung der Probenoberflächenbereiche und zum anderen die Kristallisation von AFm–Mischkristallen und Friedelschem Salz unterhalb des Oberflächenbereiches (s. Abb. 5.8). Außer bei Proben mit dem Zusatzstoff Flugasche wurde kein Trichloridhydrat identifiziert. Eine mögliche Ursache wäre das suksessive Auswaschen von Aluminium innerhalb des Oberflächenbereiches. Dieses ist auch in den Ergebnissen der REM–EDX–Untersuchungen, wiederum mit Ausnahme des Probenmaterials mit Flugasche als Zusatzstoff, zu erkennen.

Die fortschreitende Karbonatisierung des Oberflächenbereiches spricht für eine Destabilisierung des Friedelschen Salzes. Eine mögliche Ursache wäre freiwerdendes Karbonat bei der Umwandlung von AFm–Mischkristallphasen zu Trichloridhydrat durch die zunehmende Chlorkonzentration innerhalb des Oberflächenbereiches. Die zweite abrupte Änderung des Phasenbestandes bei einer Profiltiefe von 1260 μm geht auf die voranschreitende Kristallisation der sekundären Phasen mit zunehmender Chlorkonzentration durch die Diffusion zurück. Portlandit wurde erst unterhalb einer Profiltiefe von 1260 μm identifiziert. Die aufgezeichneten EDX–Spektren zeigen eine Erhöhung der Chlorkonzentration in allen untersuchten Profiltiefen. Diese Ergebnisse unterstützten die Möglichkeit einer fortschreitenden Kristallisation der sekundären Phasen durch anhaltende Chlordiffusion in den Porenraum des Probenmaterials.

Bei den Proben mit dem Zusatzstoff Kalksteinmehl ist die Oberflächenkarbonatisierung im Vergleich zu den Proben ohne Zusatzstoff mit einer relativ ähnlichen Intensität vorangeschritten. Dementsprechend scheint der Zusatzstoff auf die Karbonatisierung keine Auswirkung zu haben. Die zweite Reaktionsfront trennt den Bereich unterhalb der karbonatisierten Probenoberfläche von dem Bereich, in dem bis zu diesem Schädigungsgrad Portlandit identifiziert wurde (s. Abb. 5.8). Im Vergleich zu der Degradation nach einer Auslagerungszeit von sechs Monaten bewegte sich diese Reaktionsfront ca. 320 μm tiefer in das untersuchte Profil. Demnach stellt das Kalksteinmehl eine Karbonatquelle für die Bildung von sekundären Phasen dar und besitzt eine beschleunigende Wirkung des Schädigungsmechanismus auf die erste Bildung der AFm–Phasen. Die anschließende Kristallisation der AFt–Phase durch die zunehmende Chlorkonzentration scheint nicht beeinflusst zu sein. Die Ergebnisse der Untersuchungen mittels REM–EDX zeigen lediglich leichte Erhöhungen der Cl–Konzentrationen innerhalb aller Profiltiefen.

Die Karbonatisierung des Oberflächenbereiches ist auch bei dem Probenmaterial mit Flugasche zu erkennen (s. Abb. 5.9). Die Karbonatisierung hat bereits eingesetzt, ist jedoch verglichen mit dem alleinigen Vorhandensein von Kalzit als kristalline Phase bei dem Probenmaterial ohne Zusatzstoff, nicht vorangeschritten. Ebenfalls verlangsamt der feinkörnige Zusatzstoff die Degradation des Probenmaterials durch den Chloridangriff am effektivsten. Eine zweite Reaktionsfront, zwischen den Bereichen, in denen entweder Kalzit oder Portlandit als weitere Phase zu dem Friedelschem Salz, AFm–Mischkristallphasen und Trichloridhydrat vorliegt, befindet sich in einer Profiltiefe von 690 μm und ist damit im Vergleich zu den anderen Probenkörpern am geringsten. Außerdem ist es das einzige Material, in dem nach 15 Monaten Trichloridhydrat noch identifiziert wurde. Die EDX–Spektren, aufgezeichnet während der ortsaufgelösten Elementanalyse am REM, zeigen die zuvor häufiger beschriebene erhöhte Al–Konzentration durch die Flugasche. Im Vergleich zu der Verteilung der berechneten Datenpunkte nach sechs Monaten Auslagerungszeit sind die Clorkonzentrationen in allen untersuchten Profiltiefen relativ gering angestiegen. Die Flugasche hemmt die Clordiffusion am effektivsten.

Die intensivste Schädigung des ursprünglichen Phasenbestandes durch das Einwirken der Chloridlösung ist bei dem Probenmaterial mit Hüttensand als Zusatzstoff zu beobachten (s. Abb. 5.9). Die Phasenidentifizierung ergab im

5 Diskussion

Vergleich zu den anderen Proben die am weitesten vorangeschrittene Karbonatisierung der Probenoberfläche. Ebenfalls wurde eine zweite Reaktionsfront in einer Profiltiefe 2060 μm und damit mit der größten Profiltiefe aller chloridangegriffenen Proben identifiziert. Die anfängliche diffusionhemmende Wirkung des latent hydraulischen Hüttensandes ist nicht mehr vorhanden. Eine Erklärung könnte die fortgeschrittene Karbonatisierung des Oberflächenbereiches sein.

Die Ergebnisse der REM–EDX–Untersuchungen zeigen im Vergleich zu den SyXRD–Ergebnisse nach einer Auslagerungszeit von sechs Monaten eine Zunahme der Chloridkonzentration in allen untersuchten Profiltiefen. Das gilt für den Bereich, in dem neben Kalzit ausschließlich Friedelsches Salz und AFm–Mischkristall vorliegen. Im Oberflächenbereich, in dem ausschließlich Kalzit als kristalline Phase identifiziert wurde, stieg die Chloridkonzentration ebenfalls an, jedoch sank auch die Aluminiumkonzentration, was ebenfalls für ein Auswaschen der Al^{3+}–Ionen spricht.

Im Vergleich zu dem Chloridangriff schreitet die Änderung des Phasenbestandes bzw. die Bildungsmechanismen der sekundären Sulfatphasen zeitlich deutlich schneller voran. Die Reaktionsmechanismen und der Einfluß der Zusatzstoffe auf die Ausbildung der sekundären Phasen laufen über die jeweiligen Zeiträume der Auslagerung fortwährend voran.

Das Probenmaterial mit dem höchsten Widerstand gegen das Einwirken der Sulfatlösung bleibt auch nach einer Auslagerungszeit von sechs Monaten das Probenmaterial mit Hüttensand als Zusatzstoff. Allerdings zeigt dieses Probenmaterial den höchsten Grad der Schädigung unter der Einwirkung der Chloridlösung über einen Zeitraum von 15 Monaten. Nach dieser Auslagerungszeit scheint der Zusatzstoff Flugasche das Voranschreiten des Schädigungsmechanismus am effektivsten zu verlangsamen.

5.2 Die ersten und letzten Sekunden im Leben eines Bauwerkes

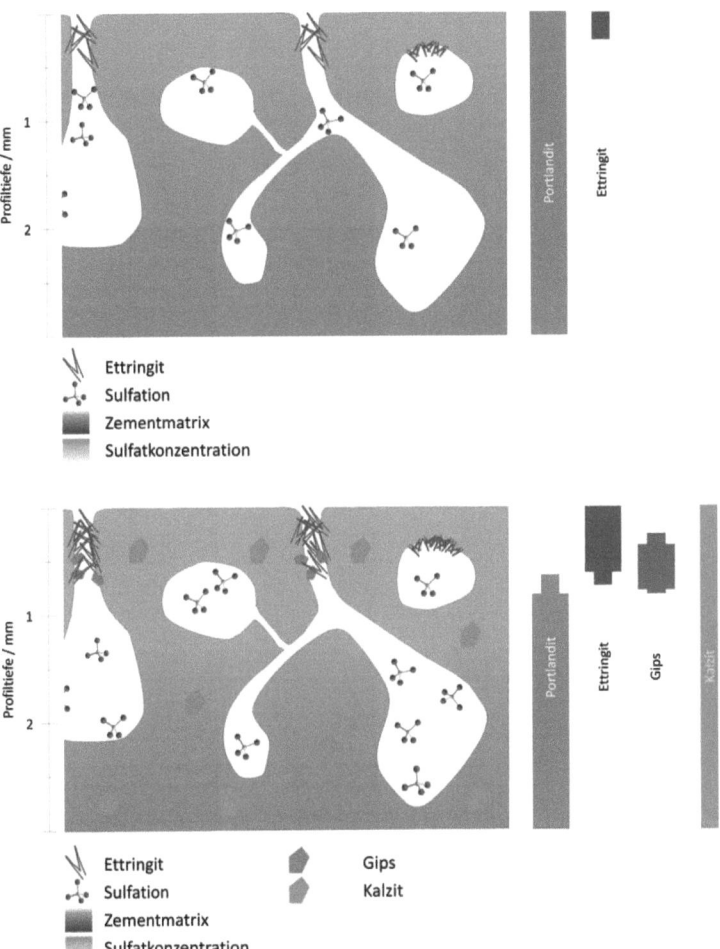

Abbildung 5.2: *Schematische Darstellung der Phasenverteilung innerhalb des reinen Zementsteines (oben) und der Probe mit Kalksteinmehl als Zusatzstoff (unten) nach einer Auslagerungszeit von drei Monaten in einer Sulfatlösung. Die Wahl von unterschiedlichen Größenverhältnisse der einzelnen Bildelemente (Sulfationen, Porengrößen, Profiltiefe, etc.) dient der Übersicht. Zusätzlich ist rechts ist eine Zusammenfassung der relativen Phasenanteile als Funktion der Profiltiefe dargestellt.*

5 Diskussion

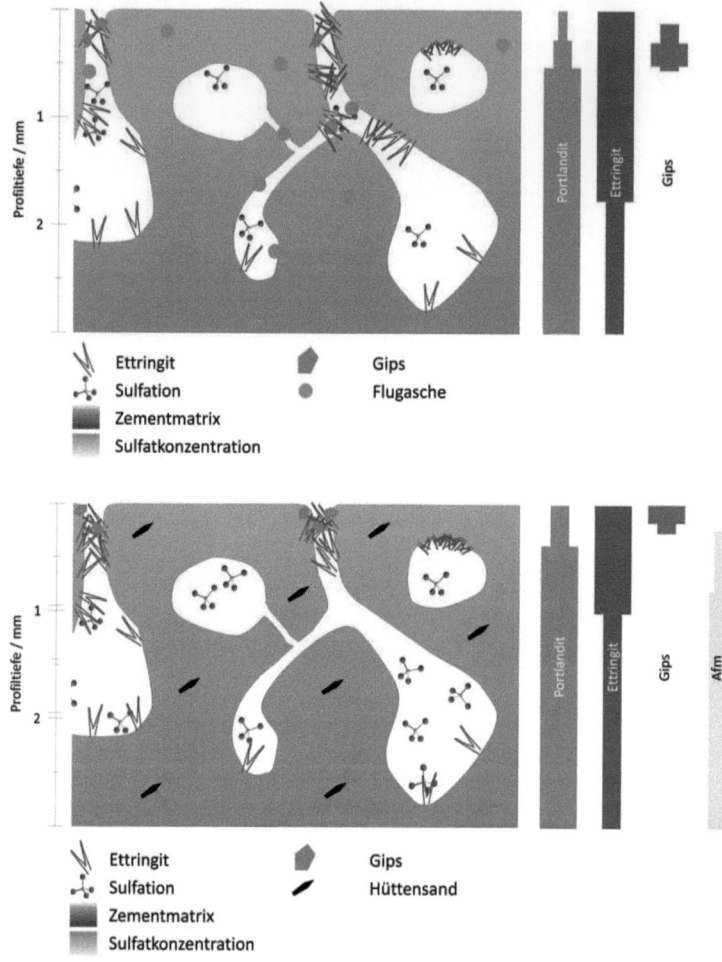

Abbildung 5.3: *Schematische Darstellung der Phasenverteilung innerhalb der Probe mit Flugasche (oben) bzw. mit Hüttensand als Zusatzstoff (unten) nach einer Auslagerungszeit von drei Monaten in einer Sulfatlösung. Die Wahl von unterschiedlichen Größenverhältnissen der einzelnen Bildelemente (Sulfatidionen, Porengrößen und Profiltiefe) dient der Übersicht. Rechts ist eine Zusammenfassung der relativen Phasenanteile als Funktion der Profiltiefe dargestellt.*

5.2 Die ersten und letzten Sekunden im Leben eines Bauwerkes

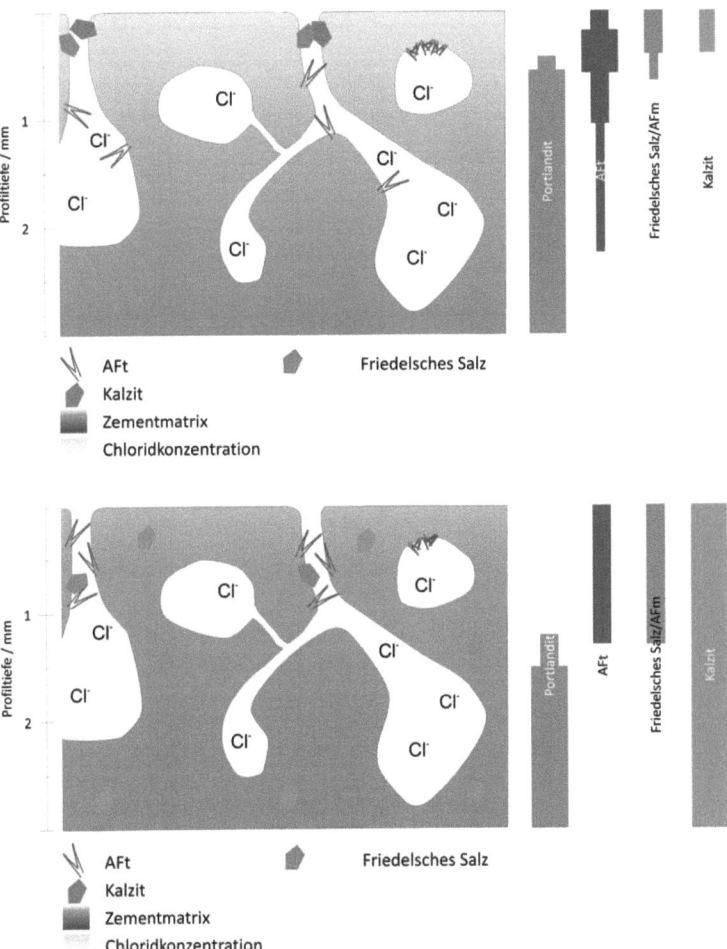

Abbildung 5.4: *Schematische Darstellung der Phasenverteilung innerhalb des reinen Zementsteines (oben) und der Probe mit Kalksteinmehl als Zusatzstoff (unten) nach einer Auslagerungszeit von sechs Monaten in einer Chloridlösung. Die Wahl von unterschiedlichen Größenverhältnissen der einzelnen Bildelemente (Sulfat- und Chloridionen, Porengrößen und Profiltiefe) dient der Übersicht. Rechts ist eine Zusammenfassung der relativen Phasenanteile als Funktion der Profiltiefe dargestellt.*

5 Diskussion

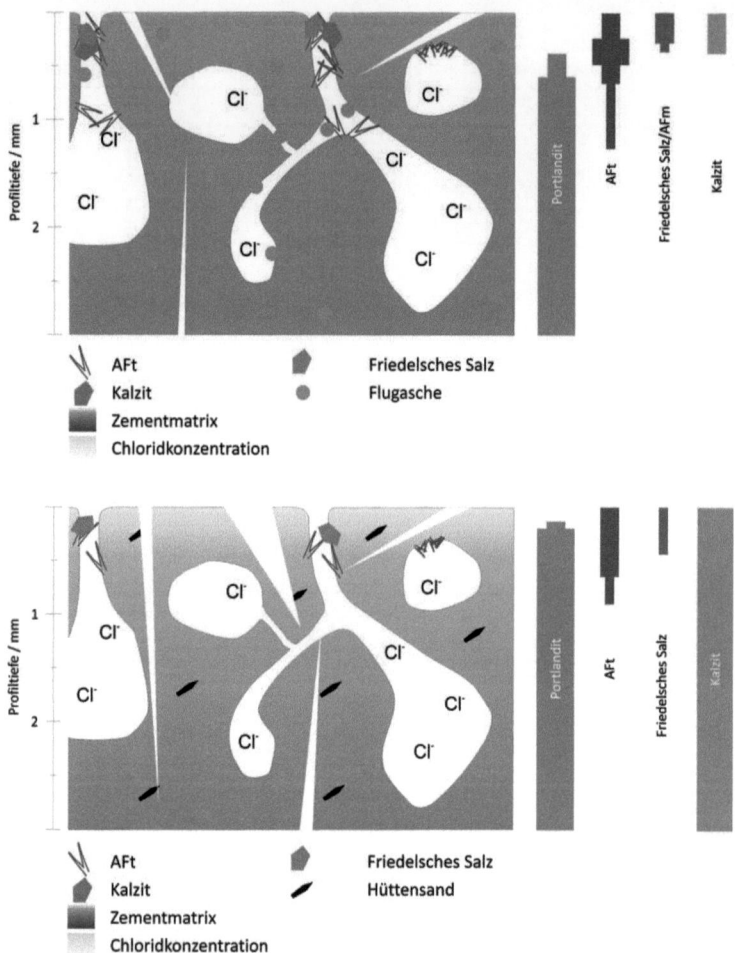

Abbildung 5.5: *Schematische Darstellung der Phasenverteilung innerhalb des reinen Zementsteines (oben) und der Probe mit Kalksteinmehl als Zusatzstoff (unten) nach einer Auslagerungszeit von sechs Monaten in einer Chloridlösung. Die Wahl von unterschiedlichen Größenverhältnissen der einzelnen Bildelemente (Chloridionen, Porengrößen und Profiltiefe) dient der Übersicht. Rechts ist eine Zusammenfassung der relativen Phasenanteile als Funktion der Profiltiefe dargestellt.*

5.2 Die ersten und letzten Sekunden im Leben eines Bauwerkes

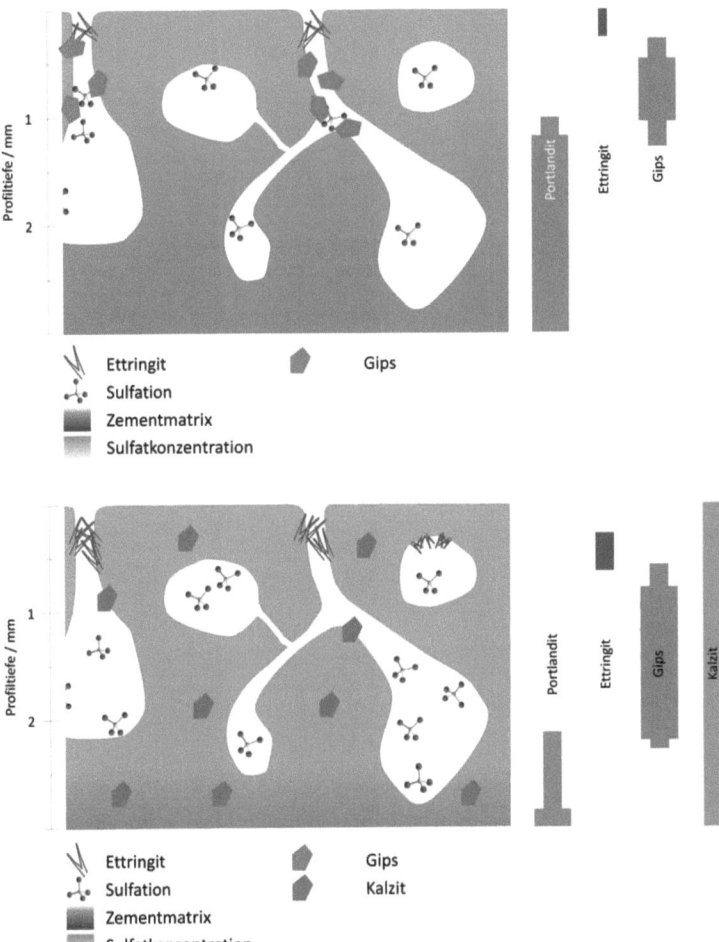

Abbildung 5.6: *Schematische Darstellung der Phasenverteilung innerhalb der Probe mit Flugasche (oben) und Hüttensand als Zusatzstoff (unten) nach einer Auslagerungszeit von sechs Monaten in einer Sulfatlösung. Die Wahl von unterschiedlichen Größenverhältnisse der einzelnen Bildelemente (Sulfationen, Porengrößen und Profiltiefe) dient der Übersicht. Rechts ist eine Zusammenfassung der relativen Phasenanteile als Funktion der Profiltiefe dargestellt.*

5 Diskussion

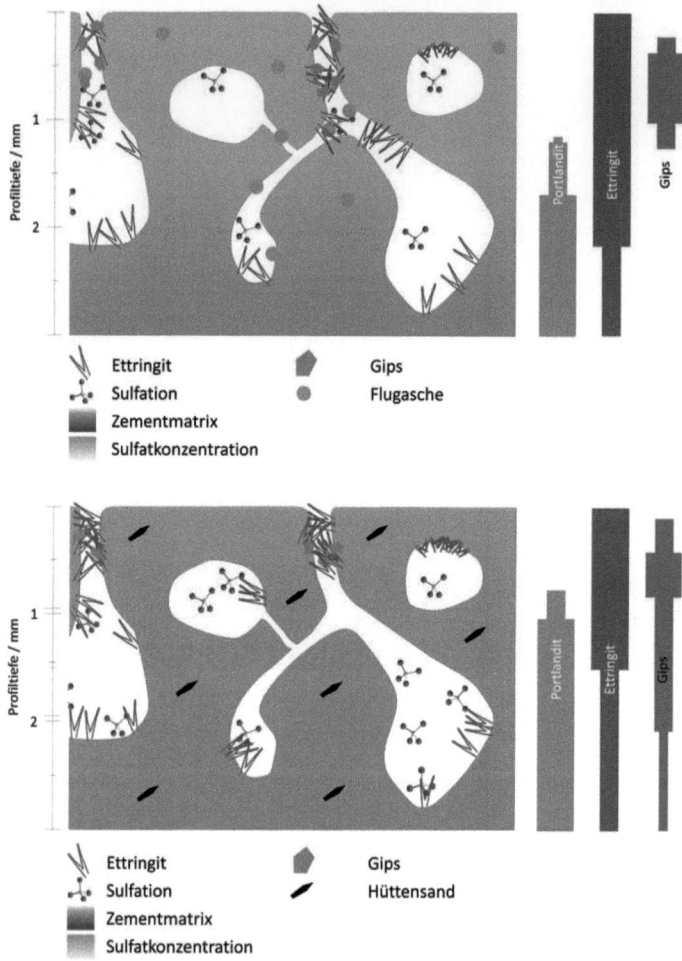

Abbildung 5.7: *Schematische Darstellung der Phasenverteilung innerhalb des reinen Zementsteines (oben) und der Probe mit mit dem Zusatzstoff Kalksteinmehl (unten) nach einer Auslagerungszeit von sechs Monaten in einer Sulfatlösung. Die Wahl von unterschiedlichen Größenverhältnissen der einzelnen Bildelemente (Sulfationen, Porengrößen und Profiltiefe) dient der Übersicht. Rechts ist eine Zusammenfassung der relativen Phasenanteile als Funktion der Profiltiefe dargestellt.*

5.2 Die ersten und letzten Sekunden im Leben eines Bauwerkes

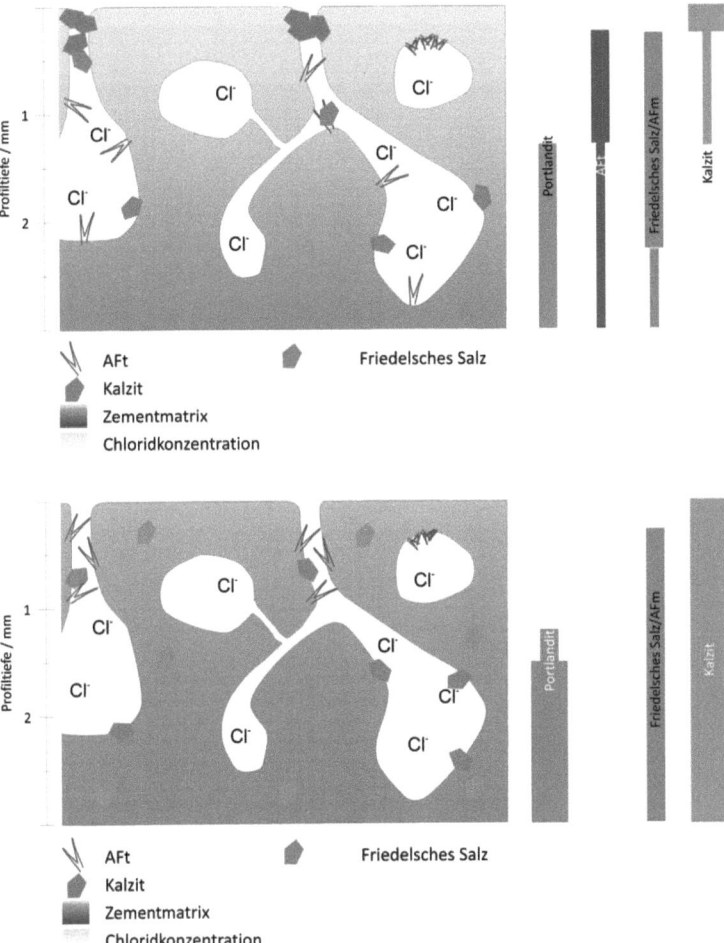

Abbildung 5.8: *Schematische Darstellung der Phasenverteilung innerhalb des reinen Zementsteines (oben) und der Probe mit Kalksteinmehl als Zusatzstoff (unten) nach einer Auslagerungszeit von 15 Monaten in einer Chloridlösung. Die Wahl von unterschiedlichen Größenverhältnissen der einzelnen Bildelemente (Chloridionen, Porengrößen und Profiltiefe) dient der Übersicht. Rechts ist eine Zusammenfassung der relativen Phasenanteile als Funktion der Profiltiefe dargestellt.*

5 Diskussion

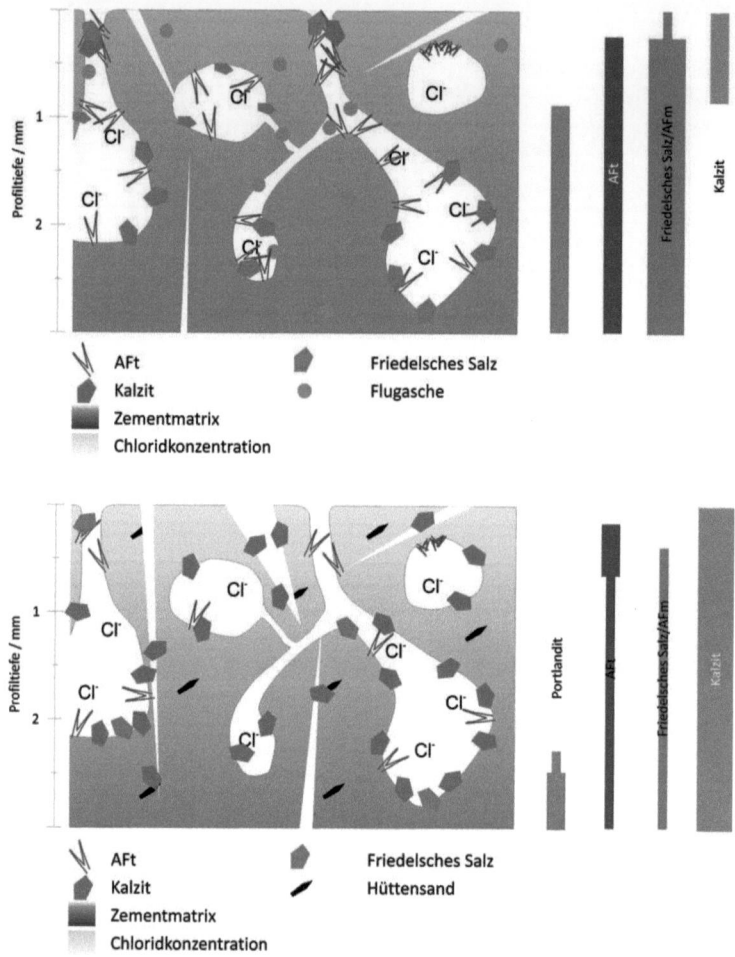

Abbildung 5.9: *Schematische Darstellung der Phasenverteilung innerhalb des reinen Zementsteines (oben) und der Probe mit Kalksteinmehl als Zusatzstoff (unten) nach einer Auslagerungszeit von 15 Monaten in einer Chloridlösung. Die Wahl von unterschiedlichen Größenverhältnissen der einzelnen Bildelemente (Chloridionen, Porengrößen und Profiltiefe) dient der Übersicht. Rechts ist eine Zusammenfassung der relativen Phasenanteile als Funktion der Profiltiefe dargestellt.*

6 Zusammenfassung und Ausblick

Die Ziele dieser Arbeit waren, die ersten und letzten Sekunden eines Bauwerkes, d.h. das Frühstadium der Zementhydratation und die Degradation durch Schädigungsmechanismen, direkt zu beobachten. Bisher wurden diese Zeitabschnitte nicht in–situ untersucht, sondern die Entwicklung des Phasenbestandes aus ex–situ–Untersuchungen abgeleitet. Mit den entwickelten analytischen Verfahren gelang es, einen detaillierten Einblick in die Prozesse, die während dieser Zeitabschnitte stattfinden, zu erhalten. Sowohl kristalline als auch amorphe Phasen konnten für beide Untersuchungsschwerpunkte, der zeitaufgelösten Untersuchung des Frühstadiums der Portlandzementhydratation und der ortsaufgelösten Bestimmung der Phasenbestandänderung durch das Einsetzen von Schädigungsmechanismen, charakterisiert werden.

Durch die Verwendung von Synchrotronstrahlung und eines akustischen Levitators gelang es die Hydratation im Experiment einzuleiten. Die Hydratationsprozesse waren vollständig und in–situ beobachtbar, ohne die beiden Komponenten vorher zu vermischen und die Prozesse in den ersten Minuten außerhalb des Strahlenganges vollziehen zu lassen (s. Kap. 3.2.1). Die Hydratationsdynamik der initialen Kristallisationprozesse übersteigt bislang die Zeitauflösung von Laborröntgendiffraktometern um ein Vielfaches. Zusätzlich schränken Probeneffekte die Untersuchungen weiterhin ein (s. Kap. 2.2).

Die Nutzung eines akustischen Levitators in Kombination mit einer wandfreien Klimakammer ermöglicht es, die Zementhydratation kontaktfrei zu untersuchen. Eine Austrocknung des Probenmaterials kann durch einen Gasstrom mit einer hohen Wassersättigung vermieden werden. In der Vorrichtung befindet sich zusätzlich eine Heizspirale. Sie ermöglicht es die Hydratationswärme aus den exothermen Reaktionen, die bei der Zementhydratation stattfinden, zu simulieren. Damit wären die Umgebungsbedingungen eines relativ geringen

6 Zusammenfassung und Ausblick

Probenvolumens an die Bedingungen während des Abbindens eines Bauteils bei der Errichtung eines Bauwerkes realistisch simuliert. Der verwendete akutische Levitator und die entwickelte Klimakammer sind für handelsübliche Diffraktometer bislang nicht konstruiert und daher nicht auf dem freien Markt erhältlich. Es wäre vorteilhaft, dieses Probenträgersystem durch einfache Umbaumaßnahmen an gängige Diffraktometer international vertreibender Hersteller anzupassen. Eine Vielzahl der apparativen Einschränkungen bei der Untersuchung von Zementhydratationsprozessen wäre damit zu umgehen. Eine der damit einhergehenden Herausforderungen stellt die Anpassung von Korrekturfaktoren dar, die in den häufig verwendeten Rietveldverfeinerungsprogrammen verwendet werden. Sie dienen der Korrektur von winkelabhängigen Absorptionskorrekturen und Probenträgereffekten (s. Kap. 3.2.1).

Bei den ortsaufgelösten Untersuchungen der Degeneration des Probenmaterials waren die Probenkörper einer einzelnen Lösungsart ausgesetzt. Innerhalb der AFm- und AFt-Phasen können jedoch verschiedene Ionen wie SO_4^{2-} oder Cl^- die Restladung gleichzeitig kompensieren und dadurch die Struktur stabilisieren. Potentielle SO_4^{2-} und Cl^--Quellen sind beispielsweise verwitterndes Umgebungsgestein, saurer Regen, das Einwirken von Meerwasser oder der Einsatz von Tausalzen zur Winterzeit. Dementsprechend werden natürliche Proben in den seltensten Fällen durch lediglich eine Lösungsart angegriffen. In den meisten vorangegangenen Studien werden der Sulfat- und der Chloridangriff über verschiedene Zeiträume simuliert, jedoch in den seltensten Fällen in Kombination verwendet und betrachtet. In dieser Arbeit wurden die Lösungkonzentrationen bewusst sehr hoch gewählt und repräsentieren lediglich in Ausnahmefällen natürliche Lösungen. Es galt, im ersten Ansatz eine sehr intensive Schädigung zu erzielen und die Methode auf ihre Effizienz zu prüfen. Darüber hinaus gelang es, einen detaillierten Blick in die schädigenden Prozesse zu erhalten und die Schädigungsmechanismen im Detail zu rekonstruieren.

Die fundierten Kenntnisse über das Ausgangsmaterial, die Probenpräparation und vor allem das entwickelte und erfolgreich getestete analytische Verfahren, stellen eine optimale Grundlage für das Fortführen der Analyse von Schädigungsmechanismen dar. In der Praxis häufig auftretende Schädigungsmechanismen durch das Einwirken alltäglicher Lösungen könnten initialisiert und die Änderung des Phasenbestandes in Lösungen mit verschiedenen Konzentrationen und über definierte Zeiträume weiter simuliert werden. Dieses eröffnet einen direkten Zugang zu der Veränderung des Phasenbestandes von Bauwerken, die realen Umwelteinflüssen ausgesetzt sind. Die hohe Ortsauflösung und die Wahl von Zementen mit unterschiedlichen Widerständen gegen die Einwirkung einer Lösung ließen einen tieferen Einblick in die Degradation von Bauwerken zu und trügen zu einer Optimierung von Schutzmaßnahmen bei.

Neben einer systematischen Änderung grundlegender Parameter, wie der Lösungkonzentration oder des Ausgangsmaterials, wäre eine Weiterentwicklung der Datenauswertung denkbar. In der Regel erfolgten in bisherigen Untersuchungen eine Identifizierung und Quantifizierung des Phasenbestandes durch eine Rietveldverfeinerung der Ergebnisse aus Untersuchungen unter der Nutzung der Pulverdiffraktometrie. Diese Auswertung ist bei großen Datenmengen sehr zeitaufwendig. Alternativ können bisher angewandte Strategien der Strukturverfeinerung durch eine parametrische Rietfeldverfeinerung ergänzt werden. Sie ermöglicht, Datenreihen gesammelt in einen komplexen Kontext einzubinden. Die Methode wird zunehmend in die Strukturanalytik neuer Materialien einbezogen, wurde bislang jedoch noch nicht für die in–situ Untersuchung von zementgebundenen Baustoffen eingesetzt [108, 109, 110]. Die hohe Komplexität der Zementmatrix, hervorgehend aus der Vielzahl von Edukten, kristallinen und amorphen Hydratationsprodukten und bei Schädigungen durch zusätzliche sekundär gebildeten Phasen, erschwert ein Einbinden in einen ebenfalls komplexen Kontext. Es wäre jedoch ein weiterführender Schritt auf dem Wege zu einem tieferen Verständis alltäglicher Schädigungsmechanismen.

Danksagung

Dieses Buch wurde in der Fachgruppe Strukturanalytik, Polymeranalytik an der Bundesanstalt für Materialforschung und -prüfung (BAM) im Rahmen der Promotion an der Humboldt-Universität zu Berlin in der Abteilung Analytische Chemie von Prof. Dr. Ulrich Panne angefertigt. Mein besonderer Dank gilt der BAM und Prof. Dr. Ulrich Panne für die Unterstützung bei der Beantwortung der in dieser Arbeit diskutierten Fragestellungen und der finanziellen Förderung. Ebenfalls geht mein Dank an Herrn Prof. Dr. Klaus Rademann für das Interesse an dieser Arbeit und der Bereitschaft zur Begutachtung teilzunehmen. Mein besondere Dank geht an Dr. Franziska Emmerling, die mich zu Beginn der Promotionszeit herzlich in ihrer Arbeitsgruppe aufnahm und mich in den letzten Jahren die wesentlichen Aspekte des wissenschaftlichen Arbeitens lehrte. Durch die Erfahrungen, die ich unter ihrer Leitung sammeln durfte, fühle ich mich für das Berufswesen eines Wissenschaftlers optimal vorbereitet. Mein Dank gilt ebenfalls der Leiterin des Fachbereiches Baustoffe Dr. Birgit Meng und dem ehemaligen Leiter der Arbeitsgruppe Schädigungsmechanismen und Schutzmaßnahmen Dr. Urs Müller für die intensive Betreuung dieser Arbeit und der Einführung in die Mineralogie der Baustoffe. Ich danke allen Mitarbeitern der Abteilung 1.3 Strukturanalytik und 7.1 Schädigungsmechanismen und Schutzmaßmaßnahmen für die schöne gemeinsame Zeit. Besonders hervorheben möchte ich die Zusammenarbeit mit Jürgen Wenzel und ihm für die technische Hilfe bei der Anfertigung des Patentes danken. Ebenfalls bedanke ich mich bei Dr. Katarina Malaga und Dr. Jan Erik Linquist vom SP Sveriges Tekniska Forskningsinstitut in Borås für die Einladungen zu gemeinsamen Forschungstätigkeiten und der Zeit in Schweden. Bedanken möchte ich mich auch bei Dr. Jonathan Wright von der ESRF in Grenoble für die fabelhafte Zusammenarbeit.

Anhang

Quellcodes

A1) Quellcode des Unterprogramms zum automatisierten Erstellen von äquidistanten Messschritten und Exportieren der Daten in ein für den anschließenden Bearbeitungsschritt kompatibles Dateiformat.

Dateiformat der Inputdatei:

- Erste Spalte: Beugungswinkel, Einheit beliebig.
- Ab der zweiten Spalte: Gebeugte Intensitäten.

Funktion:

- Erstellt automatische Diagramme einzelner Messungen.
- Markiert und teilt die erzeugte Kurve in equidistante Messchritte.
- Exportiert nach der Teilung die Daten.

Anwendung:

- Für Origin 8 oder höher.
- Eingabe unter Menüpunkt *Worksheet → Worksheet Skript*.
- Aktivierung mit *Do it*.

Quellcode:

```
loop (nr, 1, 3)
  {
    del -as;
```

Anhang

```
    range aa = (1,2);
    string strG1$;
    plotxy aa ogl:=[<new>];
    strG1$=%H;
    win -o Graph1
    {
      x1=5;
      x2=80;
    };
    win -a Graph1;
    axis -pg X S a;
    punkte = 1001;
    type split: %C of %H...;
    Lab$ = %[%c, '_']!wks.col$(colnum(%C)).label$;
    YLab$ = %[%c, '_']!wks.col$(colnum(xof(%C))).label$;
    type title: %(lab$);
    %n=Teilung;
    %J=";
    jj=0;
    win -t d data %n;
    win -a %n;
    work -s 0 1 2 wks.nrows;
    work -s;
    wks.col$(2).label$ = Lab$; wks.labels();
    wks.col$(1).label$ = YLab$;
    type points: $(punkte);
    win -a %J;
     if (a==0)  type "hey lin $(a)";
      for (ii=x1; ii<=x2+(x2-x1)/(2*(punkte-1)); ii=ii+(x2-x1)/(punkte-1))
      jj++;
       if (jj<10) type "$(jj)$(round(ii,3))$(round(%c(ii),3))"; else type -q "
       Punkt $(jj) von $(punkte) wird erstellt";
         %n_a[jj]=ii; %n_b[jj]=%c(ii);
       };
```

```
        }else { type "hey log $(a)";
        for (ii=x1; ii<=x2*10^((log(x2)-log(x1))/(2*(punkte-1))); ii=ii*10^((log(x2)-log(x1))/(punkte-1))) {
         jj++;
         if (jj<10) type "$(jj)$(round(ii,3))$(round(%c(ii),3))"; else type -q "Punkt $(jj) von $(punkte) wird erstellt";
         %n_a[jj]=ii; %n_b[jj]=%c(ii);
        };
        layer -c;
       };
       win -c Graph1;
       win -a Teilung;
       expASC path:="c:\Mo\1 (nr) .dat";
       win -c Teilung;
       del -s Col(2);
      };
```

Anhang

A2) Quellcode des Unterprogramms zum automatisierten Erstellen, Zuordnen von Profiltiefen und Beschriftungen.

Dateiformat der Inputdatei:

- Die während der Berechnung der equidistanten Messschritte generierten *.asc* Dateien in Oriving über *File → Import → Import Wizard* importieren
- Einfaches *copy/paste* in ein leeres *.xls* Dokument

Funktion:

- Erzeugt für jeden Messschritt die dazugehörige Profiltiefe und ordnet den Spalten eine Überschrift zu.
- Sortiert alle Messungen aufsteigend nach der Profiltiefe.
- Die sortierten Daten können direkt als *.txt* Dateien gespeichert und direkt als Inputdatei für die graphische Darstellung verwendet werden.

Anwendung:

- Microsoft Excel 20 und höher
- Eingabe unter Menüpunkt *Ansicht → Makros → Makros anzeigen → Erstellen*
- Aktivierung mit Ausführen oder die bei dem Erstellen abgefragte eine Tastenkombination betätigen (Voreinstellung: Strg+Umschalt+Q). Letztere kann auch unter dem Menüpunkt *Ansicht → Makros → Bearbeiten* nachgesehen werden.

Quellcode:

Sub Makro5()

Makro5 Makro
Spalte einfügen, (0,1) springen, Zelle (Tiefe [μm]) nach (-1,1) verschieben und Spalte damit füllen, dann (0,2) springen
Tastenkombination: Strg+Umschalt+Q

```
ActiveCell.Columns("A:A").EntireColumn.Select
Selection.Insert Shift:=xlToRight
ActiveCell.Offset(0, 1).Range("A1").Select
Selection.Cut
ActiveCell.Offset(1, -1).Range("A1").Select
ActiveSheet.Paste
ActiveCell.Range("A1:A1002").Select
Selection.FillDown
Selection.End(xlUp).Select
ActiveCell.Select
ActiveCell.FormulaR1C1 = "Tiefe [µm]"
ActiveCell.Offset(0, -1).Range("A1").Select
ActiveCell.FormulaR1C1 = "2Theta [°]"
ActiveCell.Offset(0, 2).Range("A1").Select
ActiveCell.FormulaR1C1 = "Int [cts]"
ActiveCell.Offset(0, 2).Range("A1").Select

End Sub
```

Anhang

A3) Quellcode des Unterprogramms zum automatisierten Erstellen, Zuordnen von Profiltiefen und Beschriftungen.

Dateiformat der Inputdatei:

- Die während der Berechnung der equidistanten Messschritte generierten *.ascI Dateien in Origin über den Menüpunkt *File → Import → Import Wizard* importieren
- Einfaches *copy/paste* in ein leeres *.xls Dokument

Funktion:

- Sortiert alle Messung aufsteigend nach der Profiltiefe.
- Die sortierten Daten können direkt als *.txt Dateien gespeichert und direkt als Inputdatei für die graphische Darstellung verwendet werden.

Anwendung:

- Microsoft Excel 20 und höher
- Eingabe unter Menüpunkt *Ansicht → Makros → Makros anzeigen → Erstellen*
- Aktivierung mit Ausführen oder die bei dem Erstellen abgefragte eine Tastenkombination betätigen (Voreinstellung: Strg+Umschalt+P). Letztere kann auch unter dem Menüpunkt *Ansicht → Makros → Bearbeiten* nachgesehen werden.

Quellcode:

```
Sub Makro6()

    Makro6 Makro
    A1:C1001 ans Ende der 3 Spalten ganz links verschieben.
    Tastenkombination: Strg+Umschalt+P
    ActiveCell.Range("Ä1:C1002").Select
    Selection.Cut
    Range("Ä2").Select
```

```
Selection.End(xlDown).Select
ActiveCell.Offset(1, 0).Range("A1").Select
ActiveSheet.Paste
election.End(xlUp).Select
ActiveCell.Offset(1, 0).Range("A1").Select
Selection.End(xlToRight).Select
Selection.End(xlToRight).Select

End Sub
```

Literaturverzeichnis

[1] LAMPRECHT, H. O.: *Opus caementitium. Bautechnik der Römer.* 5. Düsseldorf : Beton–Verlag, 2001

[2] IDORN, G. M.: Innovation in concrete research – review and perspective. In: *Cement and Concrete Research* 35 (2005), Nr. 1, S. 3–10

[3] LOCHER, F. W.: *Zement — Grundlagen der Herstellung und Verwendung.* 1. Düsseldorf : Verlag Bau und Technik, 2000. – 522 S.

[4] TAYLOR, H. F. W.: *Cement Chemistry.* 2. London : CPI Bath, 1997. – 459 S.

[5] CRAMMOND, N.: The occurrence of thaumasite in modern construction – a review. In: *Cement and Concrete Composites* 24 (2002), Nr. 3–4, S. 393–402

[6] LOUDON, N.: A review of the experience of thaumasite sulfate attack by the UK Highways Agency. In: *Cement and Concrete Composites* 25 (2003), Nr. 8, S. 1051–1058

[7] HIME, William G. ; MATHER, Bryant: "Sulfate attack," or is it? In: *Cement and Concrete Research* 29 (1999), Nr. 5, S. 789–791

[8] SANTHANAM, Manu ; COHEN, Menashi D. ; OLEK, Jan: Sulfate attack research – whither now? In: *Cement and Concrete Research* 31 (2001), Nr. 6, S. 845–851

[9] CASTELLOTE, M. ; ALONSO, C. ; ANDRADE, C. ; CAMPO, J. ; TURRILLAS, X.: In situ hydration of Portland cement monitored by neutron

diffraction. In: *Applied Physics a–Materials Science and Processing* 74 (2002), S. 1224–1226

[10] SURVEY, U.S. G.: *Cement statistics*. Dezember 2010

[11] GAZE, M. E. ; CRAMMOND, N. J.: The formation of thaumasite in a cement:lime:sand mortar exposed to cold magnesium and potassium sulfate solutions. In: *Cement and Concrete Composites* 22 (2000), Nr. 3, S. 209–222

[12] COLLARD-JENKINS, S. J. ; ILETT, E. ; PEARSON-KIRK, D.: Thaumasite investigations to M4 overbridges. In: *Cement and Concrete Composites* 25 (2003), Nr. 8, S. 1095–1103

[13] CRAMMOND, N. J.: The thaumasite form of sulfate attack in the UK. In: *Cement and Concrete Composites* 25 (2003), Nr. 8, S. 809–818

[14] YAMADA, K. ; OGAWA, S. ; HANEHARA, S.: Controlling of the adsorption and dispersing force of polycarboxylate–type superplasticizer by sulfate ion concentration in aqueous phase. In: *Cement and Concrete Research* 31 (2001), Nr. 3, S. 375–383

[15] POONGUZHALI, A. ; SHAIKH, H. ; DAYAL, R. K. ; KHATAK, H. S.: A review on degradation mechanism and life estimation of civil structures. In: *Corrosion Reviews* 26 (2008), Nr. 4, S. 215–294

[16] SUN, G. K. ; YOUNG, J. F. ; KIRKPATRICK, R. J.: The role of Al in C–S–H: NMR, XRD, and compositional results for precipitated samples. In: *Cement and Concrete Research* 36 (2006), Nr. 1, S. 18–29

[17] PETIT, J. Y. ; WIRQUIN, E. ; DUTHOIT, B.: Influence of temperature on yield value of highly flowable micromortars made with sulfonate–based superplasticizers. In: *Cement and Concrete Research* 35 (2005), Nr. 2, S. 256–266

[18] PLANK, J. ; SCHROEFL, C. ; GRUBER, M. ; LESTI, M. ; SIEBER, R.: Effectiveness of polycarboxylate superplasticizers in ultra–high strength concrete: The importance of PCE compatibility with silica fume. In: *Journal of Advanced Concrete Technology* 7 (2009), Nr. 1, S. 5–12

Literaturverzeichnis

[19] FLATT, R. J. ; SCHOBER, I. ; RAPHAEL, E. ; PLASSARD, C. ; LESNIEWSKA, E.: Conformation of adsorbed comb copolymer dispersants. In: *Langmuir* 25 (2009), Nr. 2, S. 845–855

[20] BISHOP, M. ; BOTT, S. G. ; BARRON, A. R.: A new mechanism for cement hydration inhibition: Solid–state chemistry of calcium nitrilotris(methylene)triphosphonate. In: *Chemistry of Materials* 15 (2003), Nr. 16, S. 3074–3088

[21] BONAPASTA, A. A. ; BUDA, F. ; COLOMBET, P. ; GUERRINI, G.: Cross–linking of poly(vinyl alcohol) chains by Ca ions in macro–defect–free cements. In: *Chemistry of Materials* 14 (2002), Nr. 3, S. 1016–1022

[22] RIDI, F. ; DEI, L. ; FRATINI, E. ; CHEN, S. H. ; BAGLIONI, P.: Hydration kinetics of tricalcium silicate in the presence of superplasticizers. In: *Journal of Physical Chemistry B* 107 (2003), Nr. 4, S. 1056–1061

[23] LOCHER, F. W. ; RICHARTZ, W. ; SPRUNG, S.: Setting of cement – Part I: Reaction and development of structure. In: *Zement–Kalk–Gips* 29 (1976), Nr. 10, S. 435–442

[24] FOREMAN, D. W.: Neutron and X–ray diffraction study of $CA_3Al_2(O_4D_4)_3$ a garnetoid. In: *Journal of Chemical Physics* 48 (1968), Nr. 7, S. 3037–3041

[25] RICHARDSON, I. G.: The nature of C–S–H in hardened cements. In: *Cement and Concrete Research* 29 (1999), Nr. 8, S. 1131–1147

[26] BLACK, L. ; GARBEV, K. ; STEMMERMANN, P. ; HALLAM, K. R. ; ALLEN, G. C.: X–ray photoelectron study of oxygen bonding in crystalline C–S–H phases. In: *Physics and Chemistry of Minerals* 31 (2004), Nr. 6, S. 337–346

[27] BONACCORSI, E. ; MERLINO, S. ; KAMPF, A. R.: The crystal structure of tobermorite 14 A (Plombierite), a C–S–H phase. In: *Journal of the American Ceramic Society* 88 (2005), Nr. 3, S. 505–512

Literaturverzeichnis

[28] GARBEV, K.: Struktur, Eigenschaften und quantitative Rietveldanalyse von hydrothermal kristallisierten Calciumsilikathydraten (C–S–H–Phasen). In: *FZK Bericht* 6877 (2004)

[29] LOCHER, F. W. ; RICHARTZ, W. ; SPRUNG, S.: Setting of cement – Part II: Effect of adding calcium sulphate. In: *Zement–Kalk–Gips* 33 (1980), Nr. 6, S. 271–277

[30] LOCHER, F. W. ; RICHARTZ, W. ; SPRUNG, S.: Setting of cement — Part III: Influence of clinker manufacture. In: *Zement–Kalk–Gips* 35 (1982), Nr. 12, S. 669–676

[31] STARK, J. ; WICHT, B.: *Dauerhaftigkeit von Beton: Der Baustoff als Werkstoff*. Bd. 1. Birkhäuser, 2001. – 340 S.

[32] BLACK, L. ; BREEN, C. ; YARWOOD, J. ; GARBEV, K. ; STEMMERMANN, P. ; GASHAROVA, B.: Structural features of C–S–H (I) and its carbonation in air – A Raman spectroscopic study. Part II: Carbonated phases. In: *Journal of the American Ceramic Society* 90 (2007), Nr. 3, S. 908–917

[33] AHMED, S. J. ; TAYLOR, H. F. W.: Crystal structures of lamellar calcium aluminate hydrates. In: *Nature* 215 (1967), Nr. 5101, S. 622–623

[34] FRANCOIS, M. ; RENAUDIN, G. ; EVRARD, O.: A cementitious compound with composition $3CaO \cdot Al_2O_3 \cdot CaCO_3 \cdot 11H_2O$. In: *Acta Crystallographica* C54 (1998), S. 1214–1217

[35] MATSCHEI, T. ; LOTHENBACH, B. ; GLASSER, F. P.: The AFm phase in portland cement. In: *Cement and Concrete Research* 37 (2007), Nr. 2, S. 118–130

[36] GLASSER, F. P. ; KINDNESS, A. ; STRONACH, S. A.: Stability and solubility relationships in AFm phases – Part 1. Chloride, sulfate and hydroxide. In: *Cement and Concrete Research* 29 (1999), Nr. 6, S. 861–866

[37] RENAUDIN, G. ; KUBEL, F. ; RIVERA, J. P. ; FRANCOIS, M.: Structural phase transition and high temperature phase structure of Friedels salt, $3CaO \cdot Al_2O_3 \cdot CaCl_2 \cdot 10H_2O$. In: *Cement and Concrete Research* 29 (1999), Nr. 12, S. 1937–1942

[38] ALLMANN, R.: Refinement of zinc hydroxide chloride, $Zn_5(OH)_8Cl_2 \cdot 1H_2O$. In: *Zeitschrift für Kristallographie* 126 (1968), Nr. 5–6, S. 417–426

[39] SCHLEGEL, M. C. ; MUELLER, U. ; PANNE, U. ; EMMERLING, F.: Deciphering the sulfate attack of cementitious materials by high–resolution micro–X–ray diffraction. In: *Analytical Chemistry* 83 (2011), Nr. 10, S. 3744–3749

[40] TERZIS, A. ; FILIPPAKIS, S. ; KUZEL, H. J. ; BURZLAFF, H.: The Crystal-Structure of $Ca_2Al(OH)_6Cl \cdot 2H_2O$. In: *Zeitschrift für Kristallographie* 181 (1987), Nr. 1–4, S. 29–34

[41] POELLMANN, H. ; KUZEL, H. J. ; WENDA, R.: Solid–solution of ettringites part I: Incorporation of OH^{--} and CO_3^{2--} in $3CaO \cdot Al_2O_3 \cdot 3CaSO_4 \cdot 32H_2O$. In: *Cement and Concrete Research* 20 (1990), Nr. 6, S. 941–947

[42] BARNETT, S. J. ; ADAM, C. D. ; JACKSON, A. R. W.: Solid solutions between ettringite, $Ca_6Al_2(SO_4)_3(OH)_{12} \cdot 26H_2O$, and thaumasite, $Ca_3SiSO_4CO_3(OH)_6 \cdot 12H_2O$. In: *Journal of Materials Science* 35 (2000), Nr. 16, S. 4109–4114

[43] BENSTED, J.: Thaumasite — direct, woodfordite and other possible formation routes. In: *Cement and Concrete Composites* 25 (2003), Nr. 8, S. 873–877

[44] CHRISTENSEN, A. N. ; JENSEN, T. R. ; HANSON, J. C.: Formation of ettringite, $Ca_6Al_2(SO_4)_3(OH)_{12} \cdot 26H_2O$, AFt, and monosulfate, $Ca_4Al_2O_6(SO_4) \cdot 14H_2O$, AFm–14, in hydrothermal hydration of portland cement and of calcium aluminum oxide – calcium sulfate dihydrate mixtures studied by in situ synchrotron X–ray powder diffraction. In: *Journal of Solid State Chemistry* 177 (2004), Nr. 6, S. 1944–1951

[45] JACOBSEN, S. D. ; SMYTH, J. R. ; SWOPE, R. J.: Thermal expansion of hydrated six–coordinate silicon in thaumasite, $Ca_3Si(OH)_6(CO_3)(SO_4) \cdot 12H_2O$. In: *Physics and Chemistry of Minerals* 30 (2003), Nr. 6, S. 321–329

Literaturverzeichnis

[46] GOETZ-NEUNHOEFFER, F. ; NEUBAUER, J.: Refined ettringite $(Ca_6Al_2(SO_4)_3(OH)_{12} \cdot 26H_2O)$ structure for quantitative X–ray diffraction analysis. In: *Powder Diffraction* 21 (2006), Nr. 1, S. 4–11

[47] LAND, G. ; STEPHAN, D.: The influence of nano–silica on the hydration of ordinary Portland cement. In: *Journal of Materials Science* 47 (2012), Nr. 2, S. 1011–1017

[48] GUIRADO, F. ; GALI, S.: Quantitative Rietveld analysis of CAC clinker phases using synchrotron radiation. In: *Cement and Concrete Research* 36 (2006), Nr. 11, S. 2021–2032

[49] TORRE, A. G. l. ; ARANDA, M. A. G.: Accuracy in Rietveld quantitative phase analysis of portland cements. In: *Journal of Applied Crystallography* 36 (2003), S. 1169–1176

[50] RIETVELD, H. M.: Line profiles of neutron powder diffraction peaks for structure refinement. In: *Acta Crystallographica* 22 (1967), S. 151–152

[51] RIETVELD, H. M.: A profile refinement method for nuclear and magnetic structures. In: *Journal of Applied Crystallography* 2 (1969), S. 65–71

[52] SKIBSTED, J. ; HALL, C.: Characterization of cement minerals, cements and their reaction products at the atomic and nano scale. In: *Cement and Concrete Research* 38 (2008), Nr. 2, S. 205–225

[53] TORRE, A. G. l. ; CABEZA, A. ; CALVENTE, A. ; BRUQUE, S. ; ARANDA, M. A. G.: Full phase analysis of portland clinker by penetrating synchrotron powder diffraction. In: *Analytical Chemistry* 73 (2001), Nr. 2, S. 151–156

[54] TORRE, A. G. l. ; LOSILLA, E. R. ; CABEZA, A. ; ARANDA, M. A. G.: High–resolution synchrotron powder diffraction analysis of ordinary Portland cements: Phase coexistence of alite. In: *Nuclear Instruments and Methods in Physics Res- earch Section B-Beam Interactions with Materials and Atoms* 238 (2005), Nr. 1–4, S. 87–91

[55] NAZARI, A. ; RIAHI, S.: The effects of ZrO_2 nanoparticles on properties of concrete using ground granulated blast furnace slag as binder. In: *Journal of Composite Materials* 46 (2012), Nr. 9, S. 1079–1090

[56] CHANG, T. P. ; SHIH, J. Y. ; YANG, K. M. ; HSIAO, T. C.: Material properties of portland cement paste with nano–montmorillonite. In: *Journal of Materials Science* 42 (2007), Nr. 17, S. 7478–7487

[57] SHAW, S. ; HENDERSON, C. M. B. ; KOMANSCHEK, B. U.: Dehydration/recrystallization mechanisms, energetics, and kinetics of hydrated calcium silicate minerals: an in situ TGA/DSC and synchrotron radiation SAXS/WAXS study. In: *Chemical Geology* 167 (2000), Nr. 1–2, S. 141–159

[58] ALLEN, A. J. ; THOMAS, J. J.: Analysis of C–S–H gel and cement paste by small–angle neutron scattering. In: *Cement and Concrete Research* 37 (2007), Nr. 3, S. 319–324

[59] THOMAS, J. J. ; CHEN, J. J. ; ALLEN, A. J. ; JENNINGS, H. M.: Effects of decalcification on the microstructure and surface area of cement and tricalcium silicate pastes. In: *Cement and Concrete Research* 34 (2004), Nr. 12, S. 2297–2307

[60] TAHA, B. ; NOUNU, G.: Using lithium nitrate and pozzolanic glass powder in concrete as ASR suppressors. In: *Cement and Concrete Composites* 30 (2008), Nr. 6, S. 497–505

[61] ESTEVES, T. C. ; RAJAMMA, R. ; SOARES, D. ; SILVA, A. S. ; FERREIRA, V. M. ; LABRINCHA, J. A.: Use of biomass fly ash for mitigation of alkali–silica reaction of cement mortars. In: *Construction and Building Materials* 26 (2012), Nr. 1, S. 687–693

[62] SCRIVENER, K. L. ; FULLMANN, A. ; GALLUCCI, E. ; WALENTA, G. ; BERMEJO, E.: Quantitative study of portland cement hydration by X–ray diffraction/Rietveld analysis and independent methods. In: *Cement and Concrete Research* 34 (2004), Nr. 9, S. 1541–1547

Literaturverzeichnis

[63] FAMY, C. ; BROUGH, A. R. ; TAYLOR, H. F. W.: The C–S–H gel of Portland cement mortars: Part I. The interpretation of energy–dispersive X–ray microanalyses from scanning electron microscopy, with some observations on C–S–H, AFm and AFt phase compositions. In: *Cement and Concrete Research* 33 (2003), Nr. 9, S. 1389–1398

[64] GOLLOP, R. S. ; TAYLOR, H. F. W.: Microstructural and microanalytical studies of Sulfate Attack I Ordinary Portland–Cement Paste. In: *Cement and Concrete Research* 22 (1992), Nr. 6, S. 1027–1038

[65] GIRARDI, F. ; VAONA, W. ; MAGGIO, R. D.: Resistance of different types of concretes to cyclic sulfuric acid and sodium sulfate attack. In: *Cement and Concrete Composites* 32 (2010), Nr. 8, S. 595–602

[66] SCHEIDEGGER, A. M. ; VESPA, M. ; WIELAND, E. ; HARFOUCHE, M. ; GROLIMUND, D. ; DAHN, R. ; JENNI, A. ; SCRIVENER, K.: Micro–scale chemical speciation of highly heterogeneous cementitious materials using synchrotron–based X–ray absorption spectroscopy. In: *Chimia* 60 (2006), Nr. 3, S. 149–149

[67] PAGE, C. L.: Initiation of chloride–induced corrosion of steel in concrete: Role of the interfacial zone. In: *Materials and Corrosion-Werkstoffe Und Korrosion* 60 (2009), Nr. 8, S. 586–592

[68] KOLEVA, D. A.: Electrochemical behavior of corroded and protected construction steel in cement extract. In: *Materials and Corrosion-Werkstoffe und Korrosion* 62 (2011), Nr. 3, S. 240–251

[69] MERLINO, S. ; BONACCORSI, E. ; ARMBRUSTER, T.: The real structure of tobermorite 11 angstrom: normal and anomalous forms, OD character and polytypic modifications. In: *European Journal of Mineralogy* 13 (2001), Nr. 3, S. 577–590

[70] MERLINI, M. ; ARTIOLI, G. ; MENEGHINI, C. ; CERULLI, T. ; BRAVO, A. ; CELLA, F.: The early hydration and the set of portland cements: In situ X–ray powder diffraction studies. In: *Powder Diffraction* 22 (2007), Nr. 3, S. 201–208

[71] SCHLEGEL, M. C. ; WENZEL, K. J. ; SARFRAZ, A. ; HIRSCH, H.: *Wandfreie Klimakammer für einen akustischen Levitator (AdMo)*. 2012

[72] POTGIETER-VERMAAK, S. S. ; POTGIETER, J. H. ; BELLEIL, M. ; DEWEERDT, F. ; GRIEKEN, R. V.: The application of Raman spectrometry to the investigation of cement part II: A micro–Raman study of OPC, slag and fly ash. In: *Cement and Concrete Research* 36 (2006), Nr. 4, S. 663–670

[73] POTGIETER-VERMAAK, S. S. ; POTGIETER, J. H. ; GRIEKEN, R. V.: The application of Raman spectrometry to investigate and characterize cement, part I: A review. In: *Cement and Concrete Research* 36 (2006), Nr. 4, S. 656–662

[74] GHOSH, S. N. ; HANDOO, S. K.: Infrared and Raman spectral studies in cement and concrete (review). In: *Cement and Concrete Research* 10 (1980), Nr. 6, S. 771–782

[75] NEWMAN, S. P. ; CLIFFORD, S. J. ; COVENEY, P. V. ; GUPTA, V. ; BLANCHARD, J. D. ; SERAFIN, F. ; BEN-AMOTZ, D. ; DIAMOND, S.: Anomalous fluorescence in near–infrared Raman spectroscopy of cementitious materials. In: *Cement and Concrete Research* 35 (2005), Nr. 8, S. 1620–1628

[76] KATSIOTI, M. ; PATSIKAS, N. ; PIPILIKAKI, P. ; KATSIOTIS, N. ; MIKEDI, K. ; CHANIOTAKIS, M.: Delayed ettringite formation (DEF) in mortars of white cement. In: *Construction and Building Materials* 25 (2011), Nr. 2, S. 900–905

[77] HARTMAN, M. R. ; BERLINER, R.: Investigation of the structure of ettringite by time–of–flight neutron powder diffraction techniques. In: *Cement and Concrete Research* 36 (2006), Nr. 2, S. 364–370

[78] CLARK, S. M. ; BARNES, P.: A comparison of laboratory, synchrotron and neutron–diffraction for the real–time study of cement hydration. In: *Cement and Concrete Research* 25 (1995), Nr. 3, S. 639–646

Literaturverzeichnis

[79] CASTELLOTE, M. ; LLORENTE, I. ; ANDRADE, C. ; TURRILLAS, X. ; ALONSO, C. ; CAMPO, J.: In–situ monitoring the realkalisation process by neutron diffraction: Electroosmotic flux and portlandite formation. In: *Cement and Concrete Research* 36 (2006), Nr. 5, S. 791–800

[80] DYER, T. D.: Characterisation of two chemical compounds formed between hydrated portland cement and benzene–1,2–diol (pyrocatechol). In: *Journal of Materials Science* 46 (2011), Nr. 16, S. 5332–5344

[81] SKIBSTED, J. ; ANDERSEN, M. D. ; JAKOBSEN, H. J.: Applications of solid–state nuclear magnetic resonance (NMR) in studies of Portland cement–based materials. In: *ZKG International* 60 (2007), Nr. 6, S. 70–83

[82] MADSEN, R. J. ; HILL, T. C.: Data collection strategies for constant wavelength rietveld analysis. In: *Powder diffraction* 2 (1987), S. 146–162

[83] SARFRAZ, A. ; SCHLEGEL, M. C. ; WRIGHT, J. ; EMMERLING, F.: Advanced gas hydrate studies at ambient conditions using suspended droplets. In: *Chemical Communications* 47 (2011), Nr. 33, S. 9369–9371

[84] SCHLEGEL, M. C. ; SARFRAZ, A. ; MUELLER, M. ; PANNE, U. ; EMMERLING, F.: First seconds in a building's life — In situ synchrotron X–ray diffraction study of cement hydration on the millisecond timescale. In: *Angewandte Chemie International Edition* 51 (2012), S. 4993–4996

[85] JOLICOEUR, C. ; SIMARD, M. A.: Chemical admixture–cement interactions: Phenomenology and physico–chemical concepts. In: *Cement and Concrete Composites* 20 (1998), Nr. 2–3, S. 87–101

[86] LESTI, M. ; NG, S. ; PLANK, J.: Ca^{2+}–mediated interaction between microsilica and polycarboxylate comb polymers in a model cement pore solution. In: *Journal of the American Ceramic Society* 93 (2010), Nr. 10, S. 3493–3498

[87] YOSHIOKA, K. ; TAZAWA, E. ; KAWAI, K. ; ENOHATA, T.: Adsorption characteristics of superplasticizers on cement component minerals. In: *Cement and Concrete Research* 32 (2002), Nr. 10, S. 1507–1513

[88] YOSHIOKA, K. ; SAKAI, E. ; DAIMON, M. ; KITAHARA, A.: Role of steric hindrance in the performance of superplasticizers for concrete. In: *Journal of the American Ceramic Society* 80 (1997), Nr. 10, S. 2667–2671

[89] UCHIKAWA, H. ; HANEHARA, S. ; SAWAKI, D.: The role of steric repulsive force in the dispersion of cement particles in fresh paste prepared with organic admixture. In: *Cement and Concrete Research* 27 (1997), Nr. 1, S. 37–50

[90] FISCHER, R. X.: Divergence slit corrections for Bragg Brentano diffractometers with rectangular sample surface. In: *Powder Diffraction* 1 (1996), Nr. 11, S. 17–21

[91] KRUGER, H. ; FISCHER, R. X.: Divergence–slit intensity corrections for Bragg–Brentano diffractometers with circular sample surfaces and known beam intensity distribution. In: *Journal of Applied Crystallography* 37 (2004), S. 472–476

[92] PARIS, O. ; LI, C. H. ; SIEGEL, S. ; WESELOH, G. ; EMMERLING, F. ; RIESEMEIER, H. ; ERKO, A. ; FRATZL, P.: A new experimental station for simultaneous X–ray microbeam scanning for small– and wide–angle scattering and fluorescence at BESSY II. In: *Journal of Applied Crystallography* 40 (2007), S. S466–S470

[93] HAMMERSLEY, A. P. ; BROWN, K. ; BURMEISTER, W. ; CLAUSTRE, L. ; GONZALEZ, A. ; MCSWEENEY, S. ; MITCHELL, E. ; MOY, J. P. ; SVENSSON, S. O. ; THOMPSON, A. W.: Calibration and application of an X–ray image intensifier/charge–coupled device detector for monochromatic macromolecular crystallography. In: *Journal of Synchrotron Radiation* 4 (1997), S. 67–77

[94] SCHLEGEL, M. C. ; MUELLER, M. ; PANNE, U. ; EMMERLING, F.: Spatially resolved investigation of complex multi-phase systems using μXRF, SEM-EDX and high resolution SyXRD. In: *Cement and Concrete Composites* 37 (2013), Nr. 0, S. 241–245

[95] CHRISTENSEN, A. N. ; SCARLETT, N. V. Y. ; MADSEN, I. C. ; JENSEN,

Literaturverzeichnis

T. R. ; Hanson, J. C.: Real time study of cement and clinker phases hydration. In: *Dalton Transactions* (2003), Nr. 8, S. 1529–1536

[96] Irassar, E. F. ; Violini, D. ; Rahhal, V. F. ; Milanesi, C. ; Trezza, M. A. ; Bonavetti, V. L.: Influence of limestone content, gypsum content and fineness on early age properties of Portland limestone cement produced by inter–grinding. In: *Cement and Concrete Composites* 33 (2011), Nr. 2, S. 192–200

[97] Lilkov, V. ; Dimitrova, E. ; Petrov, O. E.: Hydration process of cement containing fly ash and silica fume: The first 24 hours. In: *Cement and Concrete Research* 27 (1997), Nr. 4, S. 577–588

[98] Clark, B. A. ; Brown, P. W.: Phases formed during hydration of tetracalcium aluminoferrite in LOM magnesium sulfate solutions. In: *Cement and Concrete Composites* 24 (2002), Nr. 3–4, S. 331–338

[99] Jansen, D. ; Goetz-Neunhoeffer, F. ; Neubauer, J. ; Hergeth, W. D. ; Haerzschel, R.: In–situ XRD investigations of the influence of PDADMAC on ettringite formation in cement systems. In: *Zeitschrift für Kristallographie* (2009), S. 359–364

[100] Black, L. ; Breen, C. ; Yarwood, J. ; Deng, C. S. ; Phipps, J. ; Maitland, G.: Hydration of tricalcium aluminate (C_3A) in the presence and absence of gypsum – studied by Raman spectroscopy and X–ray diffraction. In: *Journal of Materials Chemistry* 16 (2006), Nr. 13, S. 1263–1272

[101] Hesse, C. ; Goetz-Neunhoeffer, F. ; Neubauer, J.: A new approach in quantitative in–situ XRD of cement pastes: Correlation of heat flow curves with early hydration reactions. In: *Cement and Concrete Research* 41 (2011), Nr. 1, S. 123–128

[102] Berthold, C. ; Bjeoumikhov, A. ; Brugamann, L.: Fast XRD2 microdiffraction with focusing X–ray microlenses. In: *Particle and Particle Systems Characterization* 26 (2009), Nr. 3, S. 107–111

[103] LEBAIL, A. ; DUROY, H. ; FOURQUET, J. L.: Ab–initio structure determination of LiSbWO$_6$ by X–ray powder diffraction. In: *Materials Research Bulletin* 23 (1988), Nr. 3, S. 447–452

[104] CHABRELIE, A.: Mechanisms of degradation of concrete by external sulfate ions under laboratory and field conditions. In: *URL: http://infoscience.epfl.ch/record/143041* Diss (2010)

[105] GIRAUDEAU, C. ; LACAILLERIE, J. B. D. ; SOUGUIR, Z. ; NONAT, A. ; FLATT, R. J.: Surface and intercalation chemistry of polycarboxylate copolymers in cementitious systems. In: *Journal of the American Ceramic Society* 92 (2009), Nr. 11, S. 2471–2488

[106] PLANK, J. ; ZHIMIN, D. ; KELLER, H. ; HOSSLE, F. V. ; SEIDL, W.: Fundamental mechanisms for polycarboxylate intercalation into C$_3$A hydrate phases and the role of sulfate present in cement. In: *Cement and Concrete Research* 40 (2010), Nr. 1, S. 45–57

[107] KIRCHHEIM, A. P. ; MOLIN, D. C. D. ; FISCHER, P. ; EMWAS, A. H. ; PROVIS, J. L. ; MONTEIRO, P. J. M.: Real–time high–resolution X–ray imaging and nuclear magnetic resonance study of the hydration of pure and Na–doped C3A in the presence of sulfates. In: *Inorganic Chemistry* 50 (2011), Nr. 4, S. 1203–1212

[108] STINTON, G. W. ; EVANS, J. S. O.: Parametric Rietveld refinement. In: *Journal of Applied Crystallography* 40 (2007), S. 87–95

[109] RAJIV, P. ; DINNEBIER, R. E. ; JANSEN, M.: "Powder 3D Parametric-A program for automated sequential and parametric Rietveld refinement using Topas. In: *Extending the Reach of Powder Diffraction Modelling by User Defined Macros* 651 (2010), S. 97–104

[110] RAJIV, P. ; DINNEBIER, R. E. ; JANSEN, M. ; JOSWIG, M.: Automated parametric Rietveld refinement: Applications in reaction kinetics and in the extraction of microstructural information. In: *Powder Diffraction* 26 (2011), S. 26–37

[111] BENSTED, J.: Thaumasite — background and nature in deterioration of cements, mortars and concretes. In: *Cement and Concrete Composites* 21 (1999), Nr. 2, S. 117–121

[112] JALLAD, K. N. ; SANTHANAM, M. ; COHEN, M. D. ; BEN-AMOTZ, D.: Chemical mapping of thaumasite formed in sulfate–attacked cement mortar using near–infrared Raman imaging microscopy. In: *Cement and Concrete Research* 31 (2001), Nr. 6, S. 953–958

[113] JENSEN, T. R. ; CHRISTENSEN, A. N. ; HANSON, J. C.: Hydrothermal transformation of the calcium aluminum oxide hydrates $CaAl_2O_4 \cdot 10H_2O$ and $Ca_2Al2O5 \cdot 8H_2O$ to $Ca_3Al_2(OH)_{12}$ investigated by in situ synchrotron X–ray powder diffraction. In: *Cement and Concrete Research* 35 (2005), Nr. 12, S. 2300–2309

[114] JUPE, A. C. ; WILKINSON, A. P. ; LUKE, K. ; FUNKHOUSER, G. P.: Class H oil well cement hydration at elevated temperatures in the presence of retarding agents: An in situ high–energy X–ray diffraction study. In: *Industrial and Engineering Chemistry Research* 44 (2005), Nr. 15, S. 5579–5584

[115] MATSCHEI, T. ; LOTHENBACH, B. ; GLASSER, F. P.: The AFm phase in portland cement. In: *Cement and Concrete Research* 37 (2007), Nr. 2, S. 118–130

[116] NOBES, R. H. ; AKHMATSKAYA, E. V. ; MILMAN, V. ; WINKLER, B. ; PICKARD, C. J.: Structure and properties of aluminosilicate garnets and katoite: an ab initio study. In: *Computational Materials Science* 17 (2000), Nr. 2–4, S. 141–145

[117] SEBOK, T. ; SIMONIK, J. ; KULISEK, K.: The compressive strength of samples containing fly ash with high content of calcium sulfate and calcium oxide. In: *Cement and Concrete Research* 31 (2001), Nr. 7, S. 1101–1107

[118] WEYER, H. J. ; MULLER, I. ; SCHMITT, B. ; BOSBACH, D. ; PUTNIS, A.: Time–resolved monitoring of cement hydration: Influence of cellulose ethers on hydration kinetics. In: *Nuclear Instruments and Methods in*

Physics Research Section B–Beam Interactions with Materials and Atoms 238 (2005), Nr. 1–4, S. 102–106

Abbildungsverzeichnis

2.1 Weltjahresproduktion (a) von Zement [10] und Entwicklung der Publikationszahlen (b, *verwendete Stichwörter bei der Literatursuche: cement, concrete, mortar). 6

2.2 Umwandlungstemperaturen der C_3S–Modifikationen (T = triklin, M = monoklin, R = rhomboedrisch). 9

2.3 Umwandlungstemperaturen der C_2S–Modifikationen. 10

2.4 Schematische Darstellung des zeitlichen Verlaufes der Zementhydratation und der Einteilung in drei Zeitstufen. Zusätzlich sind die Hydratphasen aufgelistet, die in den jeweiligen Hydratationsstufen vorliegen (kursiv geschriebene Phasen liegen als Nebenphasen vor). 15

2.5 Die Elementarzellen von Friedelschem Salz parallel b als Beispiel für die Kristallstrukturen der AFm– Phasen (oben). Die Al[6]–Polyeder sind in Gelb, die Ca[7]–Polyeder in Blau, die Aluminiumatome in Rot und die Kalziumatome in Grau dargestellt. Die grünen Atome repräsentieren Atompositionen, die durch verschiedene Ionen besetzt werden können. Die daraus einhergehenden Unterschiede der Kristallstrukturen führen zu verschiedenen Reflexpositionen und –intensitäten in den Diffraktogrammen (unten) [37, 34, 38, 39, 40]. 24

Abbildungsverzeichnis

2.6 Die Elementarzelle von Ettringit parallel *c* als Beispiel für die Kristallstruktur der AFt–Phasen (oben). Die Ca[7]–Polyeder sind blau, die Aluminiumatome rot dargestellt. Die grünen Atome repräsentieren Atompositionen, die durch verschiedene Ionen besetzt werden können. Der resultierende Unterschied der Kristallstrukturen führt zu verschiedenen Reflexpositionen und –intensitäten in den Diffraktogrammen (unten) [44, 45, 46]. 26

3.1 Schematische Darstellung des Frühstadiums der Hydratation von reinem Portlandzement und Portlandzement, versetzt mit dem Fließmittel (oben) PCE (unten). 36

3.2 Schematische Darstellung des verwendeten experimentellen Aufbaus für die zeitaufgelösten Untersuchungen der Zementhydratation (oben) und Abbildungen einer Probe während der Wasserzufuhr im levitierten Zustand (unten). 45

3.3 Schematische Darstellung (links) und Fotografie (rechts) der wandfreien Klimakammer. 45

3.4 Schematische Darstellung der Datengewinnung (a), Projektion (b) und Darstellung der Ergebnisse als Funktion der Hydratationszeit (c). 47

3.5 Schematische Darstellung der Datengewinnung (a), –verarbeitung (b) und –visualisierung als Funktion der Profiltiefe (c). 47

4.1 Schematische Darstellung des zeitlichen Verlaufes der Zementhydratation. Eingezeichnet sind die untersuchten Hydratationszeiträume. 51

4.2 Entwicklung einzelner C_3S– und Portlanditreflexintensitäten (links) und C_3A– und Katoitreflexintensitäten (rechts) als Funktion der Hydratationszeit. 53

4.3 Die Entwicklung des (100)–Ettringitreflexes als Funktion der Hydratationszeit. Die blau gestrichelten Linien markieren die gemittelte Zunahme der Intensitäten. Die Reflexintensitätszunahme ist in einen exponentiellen (I) und linearen Bereich (II) eingeteilt [71] 55

Abbildungsverzeichnis

4.4 Ergebnisse des Mappings der S– (gelb) und Cl–Konzentration (grün) nach drei und sechs (links) bzw. sechs und 15 Monaten (rechts) in der Auslagerungslösung. Die gestrichelten Linien markieren die maximale Profiltiefe des Oberflächenbereiches (O), der Eindringtiefe der Lösung (P), des Risswachstums (R) und den Beginn des intakten Gefüges (G). 57

4.5 Vergleich der Ergebnisse der XRD– (links) und SyXRD–Untersuchungen (rechts). Die Pfeile markieren Reflexpositionen, die nach den Untersuchungen mittels XRD (schwarz) und SyXRD (schwarz und blau) für die anschließende Phasenidentifizierung verwendet werden konnten. 59

4.6 Diffraktogramme, aufgezeichnet nach sechs (links) und 15 Monaten Auslagerungszeit (rechts) in einer Chloridlösung (rechts). Die identifizierten Phasen sind Portlandit (P), Kalzit (C), AFm-Mischkristalle (AFm) und Friedelsches Salz (FS). 60

4.7 REM-Aufnahmen der Probenoberfläche des Materials mit Hüttensand (links) und Kalksteinmehl (rechts) als Zusatzstoff (Bildbreite 1,2 mm) 61

4.8 REM-Aufnahmen von dem Gefüge 500 μm unterhalb der Probenoberfläche. Vergleich der Rissausbildung des Probenmaterial mit Kalksteinmehl (links) und Hüttensand (rechts) als Zusatzstoff (Bildbreite 150 μm) 61

4.9 REM-Aufnahmen von dem Oberflächbereich des Probenmaterial mit Hüttensand als Übersicht (links, Bildbreite 1,2 mm) und als Detailaufnahme des Gefüges (rechts, Bilsbreite 150 μm) 61

4.10 SyXRD– (oben) und EDX–Ergebnisse (unten), aufgezeichnet nach drei und sechs Monaten Auslagerungszeit in einer Sulfatlösung (links) bzw. Chloridlösung (rechts). Die identifizierten Phasen sind Portlandit (P), Kalzit (C), Ettringit (E), Monokarbonat (MC), AFm–Mischkristall (AFm) und Friedelsches Salz (FS). . . 74

Abbildungsverzeichnis

4.11 SyXRD– (oben) und EDX–Ergebnisse (unten), aufgezeichnet nach drei und sechs Monaten Auslagerungszeit in einer Sulfatlösung (links) bzw. Chloridlösung (rechts). Die identifizierten Phasen sind Portlandit (P), Kalzit (C), Ettringit (E), Monokarbonat (MC), AFm–Mischkristall (AFm) und Friedelsches Salz (FS). . . 75

4.12 SyXRD– (oben) und EDX–Ergebnisse (unten), aufgezeichnet nach drei und sechs Monaten Auslagerungszeit in einer Sulfatlösung (links) bzw. Chloridlösung (rechts). Die identifizierten Phasen sind Portlandit (P), Kalzit (C), Ettringit (E), Monokarbonat (MC), AFm–Mischkristall (AFm) und Friedelsches Salz (FS). . . 76

4.13 SyXRD– (oben) und EDX–Ergebnisse (unten), aufgezeichnet nach drei und sechs Monaten Auslagerungszeit in einer Sulfatlösung (links) bzw. Chloridlösung (rechts). Die identifizierten Phasen sind Portlandit (P), Kalzit (C), Ettringit (E), Monokarbonat (MC), AFm–Mischkristall (AFm) und Friedelsches Salz (FS). . . 77

4.14 SyXRD– (oben) und EDX–Ergebnisse (unten), aufgezeichnet nach sechs und 15 Monaten Auslagerungszeit in einer Sulfatlösung (links) bzw. Chloridlösung (rechts). Die identifizierten Phasen sind Portlandit (P), Kalzit (C), Ettringit (E), Monokarbonat (MC), AFm–Mischkristall (AFm) und Friedelsches Salz (FS). . . 78

4.15 SyXRD– (oben) und EDX–Ergebnisse (unten), aufgezeichnet nach sechs und 15 Monaten Auslagerungszeit in einer Sulfatlösung (links) bzw. Chloridlösung (rechts). Die identifizierten Phasen sind Portlandit (P), Kalzit (C), Ettringit (E), Monokarbonat (MC), AFm–Mischkristall (AFm) und Friedelsches Salz (FS). . . 79

4.16 SyXRD– (oben) und EDX–Ergebnisse (unten), aufgezeichnet nach sechs und 15 Monaten Auslagerungszeit in einer Sulfatlösung (links) bzw. Chloridlösung (rechts). Die identifizierten Phasen sind Portlandit (P), Kalzit (C), Ettringit (E), Monokarbonat (MC), AFm–Mischkristall (AFm) und Friedelsches Salz (FS). . . 80

Abbildungsverzeichnis

4.17 SyXRD– (oben) und EDX–Ergebnisse (unten), aufgezeichnet nach sechs und 15 Monaten Auslagerungszeit in einer Sulfatlösung (links) bzw. Chloridlösung (rechts). Die identifizierten Phasen sind Portlandit (P), Kalzit (C), Ettringit (E), Monokarbonat (MC), AFm–Mischkristall (AFm) und Friedelsches Salz (FS). . . 81

5.1 Die Entwicklung des (100)–Ettringitreflexes als Funktion der Hydratationszeit. Die gemittelte Zunahme der Reflexintensität ist für einen PZ in Schwarz, PZ mit PCE 1 in Blau, PZ mit PCE 2 in Rot und PZ mit PCE 3 in Grün dargestellt (vgl. 4.1.2) 94

5.2 Schematische Darstellung der Phasenverteilung innerhalb des reinen Zementsteines (oben) und der Probe mit Kalksteinmehl als Zusatzstoff (unten) nach einer Auslagerungszeit von drei Monaten in einer Sulfatlösung. Die Wahl von unterschiedlichen Größenverhältnisse der einzelnen Bildelemente (Sulfationen, Porengrößen, Profiltiefe, etc.) dient der Übersicht. Zusätzlich ist rechts ist eine Zusammenfassung der relativen Phasenanteile als Funktion der Profiltiefe dargestellt. 111

5.3 Schematische Darstellung der Phasenverteilung innerhalb der Probe mit Flugasche (oben) bzw. mit Hüttensand als Zusatzstoff (unten) nach einer Auslagerungszeit von drei Monaten in einer Sulfatlösung. Die Wahl von unterschiedlichen Größenverhältnissen der einzelnen Bildelemente (Sulfatidionen, Porengrößen und Profiltiefe) dient der Übersicht. Rechts ist eine Zusammenfassung der relativen Phasenanteile als Funktion der Profiltiefe dargestellt.112

5.4 Schematische Darstellung der Phasenverteilung innerhalb des reinen Zementsteines (oben) und der Probe mit Kalksteinmehl als Zusatzstoff (unten) nach einer Auslagerungszeit von sechs Monaten in einer Chloridlösung. Die Wahl von unterschiedlichen Größenverhältnissen der einzelnen Bildelemente (Sulfat– und Chloridionen, Porengrößen und Profiltiefe) dient der Übersicht. Rechts ist eine Zusammenfassung der relativen Phasenanteile als Funktion der Profiltiefe dargestellt. 113

Abbildungsverzeichnis

5.5 Schematische Darstellung der Phasenverteilung innerhalb des reinen Zementsteines (oben) und der Probe mit Kalksteinmehl als Zusatzstoff (unten) nach einer Auslagerungszeit von sechs Monaten in einer Chloridlösung. Die Wahl von unterschiedlichen Größenverhältnissen der einzelnen Bildelemente (Chloridionen, Porengrößen und Profiltiefe) dient der Übersicht. Rechts ist eine Zusammenfassung der relativen Phasenanteile als Funktion der Profiltiefe dargestellt. 114

5.6 Schematische Darstellung der Phasenverteilung innerhalb der Probe mit Flugasche (oben) und Hüttensand als Zusatzstoff (unten) nach einer Auslagerungszeit von sechs Monaten in einer Sulfatlösung. Die Wahl von unterschiedlichen Größenverhältnisse der einzelnen Bildelemente (Sulfationen, Porengrößen und Profiltiefe) dient der Übersicht. Rechts ist eine Zusammenfassung der relativen Phasenanteile als Funktion der Profiltiefe dargestellt. . . 115

5.7 Schematische Darstellung der Phasenverteilung innerhalb des reinen Zementsteines (oben) und der Probe mit mit dem Zusatzstoff Kalksteinmehl (unten) nach einer Auslagerungszeit von sechs Monaten in einer Sulfatlösung. Die Wahl von unterschiedlichen Größenverhältnissen der einzelnen Bildelemente (Sulfationen, Porengrößen und Profiltiefe) dient der Übersicht. Rechts ist eine Zusammenfassung der relativen Phasenanteile als Funktion der Profiltiefe dargestellt. 116

5.8 Schematische Darstellung der Phasenverteilung innerhalb des reinen Zementsteines (oben) und der Probe mit Kalksteinmehl als Zusatzstoff (unten) nach einer Auslagerungszeit von 15 Monaten in einer Chloridlösung. Die Wahl von unterschiedlichen Größenverhältnissen der einzelnen Bildelemente (Chloridionen, Porengrößen und Profiltiefe) dient der Übersicht. Rechts ist eine Zusammenfassung der relativen Phasenanteile als Funktion der Profiltiefe dargestellt. 117

5.9 Schematische Darstellung der Phasenverteilung innerhalb des reinen Zementsteines (oben) und der Probe mit Kalksteinmehl als Zusatzstoff (unten) nach einer Auslagerungszeit von 15 Monaten in einer Chloridlösung. Die Wahl von unterschiedlichen Größenverhältnissen der einzelnen Bildelemente (Chloridionen, Porengrößen und Profiltiefe) dient der Übersicht. Rechts ist eine Zusammenfassung der relativen Phasenanteile als Funktion der Profiltiefe dargestellt. 118

Tabellenverzeichnis

2.1	Reflexpositionen der Hydratationsprodukte	18
2.2	Reflexpositionen der AFm–Phasen	23
2.3	Reflexpositionen der AFt–Phasen	25
3.1	Zusammensetzung (>0,2 Gew%) des verwendeten Portlandzementes	34
3.2	Überblick über die Zusammensetzung der Probenkörper	37
3.3	Überblick über die Auslagerungszeiten des jeweiligen Probenmaterials	37

Tabellenverzeichnis

i want morebooks!

Buy your books fast and straightforward online - at one of world's fastest growing online book stores! Environmentally sound due to Print-on-Demand technologies.

Buy your books online at
www.get-morebooks.com

Kaufen Sie Ihre Bücher schnell und unkompliziert online – auf einer der am schnellsten wachsenden Buchhandelsplattformen weltweit! Dank Print-On-Demand umwelt- und ressourcenschonend produziert.

Bücher schneller online kaufen
www.morebooks.de

VDM Verlagsservicegesellschaft mbH
Heinrich-Böcking-Str. 6-8
D - 66121 Saarbrücken

Telefon: +49 681 3720 174
Telefax: +49 681 3720 1749

info@vdm-vsg.de
www.vdm-vsg.de

Printed by Books on Demand GmbH, Norderstedt / Germany